中南大学社会学一流学科建设项目和国家社科基金项目（项目编号22BSH036）资助

光明社科文库

绿色空间建设的中国环境经验

董海军　等◎著

光明日报出版社

图书在版编目（CIP）数据

绿色空间建设的中国环境经验 / 董海军等著 . -- 北京：光明日报出版社，2022.3

ISBN 978 - 7 - 5194 - 6527 - 8

Ⅰ. ①绿… Ⅱ. ①董… Ⅲ. ①生态环境建设—研究—中国 Ⅳ. ①X321.2

中国版本图书馆 CIP 数据核字（2022）第 057921 号

绿色空间建设的中国环境经验

LÜSE KONGJIAN JIANSHE DE ZHONGGUO HUANJING JINGYAN

著　者：董海军　等

责任编辑：史　宁　陈永娟　　　　责任校对：许　怡　贾文梅

封面设计：中联华文　　　　　　　责任印制：曹　净

出版发行：光明日报出版社

地　　址：北京市西城区永安路 106 号，100050

电　　话：010 - 63169890（咨询），010 - 63131930（邮购）

传　　真：010 - 63131930

网　　址：http：//book. gmw. cn

E - mail：gmrbcbs@ gmw. cn

法律顾问：北京市兰台律师事务所龚柳方律师

印　　刷：三河市华东印刷有限公司

装　　订：三河市华东印刷有限公司

本书如有破损、缺页、装订错误，请与本社联系调换，电话：010-63131930

开　　本：170mm×240mm

字　　数：225 千字　　　　　　　印　　张：15.5

版　　次：2023 年 9 月第 1 版　　　印　　次：2023 年 9 月第 1 次印刷

书　　号：ISBN 978 - 7 - 5194 - 6527 - 8

定　　价：95.00 元

前　言

习近平总书记指出："我们既要绿水青山，也要金山银山。宁要绿水青山，不要金山银山，而且绿水青山就是金山银山。"① 党的十八大、十九大报告均强调了生态文明与建设美丽中国的重要性。但是环境污染事故使人们的心态难以放宽。环境群体性事件已成为引发社会矛盾、影响社会稳定的重大问题，成了社会与学界关注的重点。近年来，环境污染引发的群体性事件的规模化和对抗性程度也由前期的上升期发展到近期的平台期，成为社会矛盾和社会冲突新的诱发因素。可环境群体性事件的研究滞后，仍处在探索与起步阶段。在国家哲学社会科学基金的立项资助下，笔者开展了"环境群体性事件的中国经验及预警研究"研究。2019年年底通过了结项评估，本书即以项目结项成果为基础修订形成。

环境群体性事件指由环境矛盾而引发的一定规模的民众参与并以群体行为表达诉求，是一种激进的群体性环境运动或环境维权行为。通过研究，我们得出以下观点，以供大家批评指正。

第一，基于社会变迁话语框架梳理中国环境治理流变发现，环境群体性事件多发是当前环境治理阶段的特征，在社会各方环境意识提升、环境诉求渠道通畅后将迎来生态文明发展的新阶段，绿色空间将会扩大。"运动式、应激开拓式、背离式以及倒逼式治理"等环境治理流变的梳理基本上立体、动

---

① 习近平. 习近平在哈萨克斯坦纳扎尔巴耶夫大学发表重要演讲［EB/OL］. 人民网，2013-09-08.

态、连续地反映了环境治理的阶段特征，呈现出与以往划分不同的特点，特别是在多元参与协同治理的发展趋势下，凸显环境问题及其治理的社会属性与社会性建构过程。不同于西方发达国家渐进工业化进程，中国时空压缩下的工业化发展引起社会剧烈变革，环境治理深刻体现中国经济、政治与社会的变革发展，一定时期内所形成的国家制度与治理体制既是环境治理的现实基础，也是环境治理的制约条件。但是，在生态文明发展的新阶段，绿色空间概念已经深入人心。

第二，环境群体性事件依赖于民众的环境意识，更体现了民众的环境维权行为决策，彰显了绿色空间力量。国家从"人定胜天"的意识形态走向社会主义生态文明新时代，民众经历了从环境冷漠到尊重自然再到保护自然的反应，环境认知经历了从他者环境到生存环境再到规避环境风险。目前环境担忧正在蔓延，环保关注意识使得环境动员力量增加。调查发现，年龄、家庭收入、工作类型、环境友好行为对市民的维权行为具有显著影响。年龄与维权参与存在显著负相关，家庭收入、环境友好行为与维权参与存在显著正相关，收入越低、环境友好行为得分越低，环境维权参与意向越低；维权参与意向在职业类型上具有显著差异，在机关事业单位工作的人员比其他职业人员环境维权行为参与意向更高。居民在遭遇环境纠纷或冲突时，优先选择中间人调解，其次为双方谈判，之后依次为打官司、上访、媒体曝光、忍受或搁置，很少会选择暴力冲突。但在其他方式无法满足诉求时，上访与媒体曝光阶段容易爆发群体性事件。影响人们绿色维权方案选择的影响因素中，首先是经济因素和法规政策因素的影响力最大，其次是结果预期、熟人资源以及时间因素，再次是社会关注度和情绪面子。

第三，近年来社会矛盾冲突以各类群体性事件的形式集中显现，其中尤以由环境矛盾和纠纷引发的群体性事件居多。2000—2015 年我国环境群体性事件发生的数量经历了从迅速上涨到逐渐回落的历程；环境群体性事件多为事后抗争类型，地域分布广泛，以东部地区居多，其中农村地区是高发地；引发环境群体性事件的项目中接近一半未通过项目环评，且项目受益主体中企业和政府占据绝大比例，民众往往出于生存需求爆发环境群体性事件；这些环境群体性事件往往组织化程度较低，底层性明显。

第四，中国环境群体性事件是在历经投诉无积极回应后一种组织松散的维权策略行为，是对环境逆向共享的应激反应，事件处理中呈现法规悬置、中国式策略维稳的特点。随着经济的发展与城市的建设，近年来，由垃圾焚烧厂等邻避型公共设施引发的邻避事件在中国各大城市时有发生，邻避事件引发出的社会矛盾，成为对中国城市管理者的社会管理能力的一个重要考验。抗争方式具有效仿性，虽然主要冲击方式趋于和缓，但在事件发生过程中很容易向极端方向发展。同时我国环境群体性事件的处理具有很明显的应急性质，较多未触动问题的根源。值得注意的是，互联网等新兴媒体在环境群体性事件的宣传和动员等方面发挥着越来越重要的作用。目前环境性群体事件带有区域性特征，但在新媒体的高度关注及扁平化沟通作用下，呈现出突破区域而为其他地区的类似事件提供索引与路径示范的趋势，一个群体性事件对后续环境事件具有标本索引意义。

第五，网络性环境群体性事件有着强烈的"共意"特征，参与者之间存在弱相关性，是一个模糊群体的渐进决策过程。雾霾现状与舆情爆发呈正相关关系，同时伴随社会心态的变化。随着公众对于雾霾的认知越来越明晰，公众对于空气质量的需求也愈加丰富和明确。在雾霾常态化的现实面前，民众的心态务实般做出了适应性的调整与变化，呈现后现代的反讽戏耍、调侃恶搞、自黑自嘲等特征，随着空气质量的治理好转，雾霾舆情减弱，关于空气质量的社会心态也逐渐阳光，赞扬蓝天保卫战的行动。

绿色空间不仅关乎建筑设计、城乡规划与园林营造等方面的规划设计与工程，同样关乎空间中人们的意识与态度。前者是物的空间，后者是人的空间，是指人期待营造绿色空间而具备的环保意识和环境行为。作为人对自身需求和外在环境刺激的外显反应，行为是人与环境之间的主要媒介。绿色空间是行为不可分割的一部分，同时也是行为的结果，是环境行为形塑出来的。

目 录
CONTENTS

第一章

绪　论

一、研究背景

朱迪思·罗伯茨（Judith Roberts, 1995）认为绿色空间是城市景观的一个组成部分，是指那些自身具有历史意义的公园或花园，以及那些虽不具有历史意义但构成了城市景观又改善了生活质量，并与城市建筑相结合的普通公园和小型家庭花园。① 绿色空间在城乡规划与园林景观视角下指环境中出现的任何植被，包括有绿色植被的街道、广场、公园等已开发的具体场所。它是存在于住宅之外且面向公众开放的场所，既为居民提供相互交流和休闲游憩的接触空间，也为自然界的物种提供了生境，维护其生物多样性②，与开放空间和公园紧密相关，是环境正义下的一种公共福利。③ 社区的绿色空间是与人们生活联系最紧密的公共空间。有人系统梳理了国外学界关于城市绿色空间对居民体力活动影响的研究④。随着社会的不断发展，工业文明在为人们带

---

① 转引自高卫红. "绿色空间"——城市环境的保护问题 [J]. 国外城市规划, 1995 (01): 10-14.

② KABISCH N, HAASE D. Green Spaces of European Cities Revisited for 1990—2006 [J]. Landscape and Urban Planning, 2013 (110): 113-122.

③ 秦红岭. 基于环境正义视角的城市绿色空间规划 [J]. 云梦学刊, 2020, 41 (01): 41-49.

④ 王亚茹, 盛明洁. 国外城市绿色空间对体力活动的影响研究综述 [J]. 城市问题, 2019 (12): 97-103.

来诸多便利的同时，也因为过度的资源、能源消耗问题困扰着人们的生活，乡村绿色空间的营造逐渐成为社会的主流趋势。①

本书所阐释的绿色空间，是广义的，是指在一定时空区域下，生活在其中的人们为了宜居生活而努力构筑的生态空间，在此生态空间中，除了自然环境以外，具有环境意识和环境行为的人也是重要的构成要素，甚至是更重要的因素。中央电视台栏目《绿色空间》的介绍就是依据中央的环境保护决策，并在中国人的环境保护意识出现逆转的背景之下，努力将现实中的真实环境状况，包括文明与野蛮、先进与落后、美与丑、经验与教训及时准确地传递给观众，实现人类社会的一个共同环境价值观，即保护地球资源，善待自然界的所有生命，保证人类社会的健康延续，体现了尊重生命，保护自然生态的目标。在笔者看来，《绿色空间》栏目同时也构筑了一个绿色空间，这个空间必然包括人的空间，具有良好的环境意识和环境行为的人的空间。

这种空间，也具有一种建构性的力量，影响着社会关系、利益结构以及人们日常生活的变化。与法国的亨利·列斐伏尔（Henri Lefebvre）的绿色空间理论具有高度的革命性与实践情怀类似，本书关注人们为了绿色空间而付诸的言行，探讨绿色空间生产的社会路径与可能性，包括对空间实践和环境革命中维护周边生活环境的诉求的探讨。也就是说，本研究的绿色空间研究，不是园林规划设计的物理意义上的空间，而是环境行为学意义上的空间。环境行为学（environment-behavior studies）是环境心理学与社会学等多学科交叉形成的研究领域。将人的行为与环境的相互作用作为重点研究对象，分析行为、动机和需求三者之间的关系。

作为人对自身需求和外在环境刺激的外显反应，行为是人与环境之间的主要媒介。绿色空间不能简单地被理解为行为的"容器"，它通过独有的认知表征建立自身与行为的特殊联系，是行为不可分割的一部分。② 同时，绿色空间也是行为的结果，是环境行为形塑出来的。绿色空间虽因独特的生态价值

①　丁政宇. 乡村绿色空间营造理论初探 [J]. 艺术科技, 2017, 30 (12): 343-351.
②　LLOYD R. Spatial Cognition: Geographic Environments [M]. Berlin: Springer Berlin Netherlands, 1997: 35-41.

而存在，但因兼顾人的使用行为与环境认知而具有意义。

正是在这样的背景下，笔者将国家社科基金项目"环境群体性事件的中国经验及预警研究"结题成果命名为《绿色空间建设的中国环境经验》。

《中国环境发展报告（2012）》指出，环境污染事故使人们的心态难以放宽。由环境问题引发的群体性事件，不仅破坏社会秩序，还影响公众对政府的信任，并对新时代的社会治理提出新的挑战。环境群体性事件已成为引发社会矛盾，影响社会稳定的重大问题，成了社会与学界关注的重点。2015年"史上最严"的新《中华人民共和国环境保护法》开始实施，释放了中央政府环境治理的强烈信号，同时深受环境污染困扰的社会对新环保法的"利齿"也给予了很高期望。

本研究所指的环境维权主要是指环境群体性事件，由绿色空间营造或破坏而引发的有一定数量的民众参与并以群体上访、阻塞交通、围堵企事业单位或组织、形成网络舆情等方式呈现的群体行为，是一种激进的群体性环境运动或环境维权抗争。环境群体性事件可被理解为有预谋或共谋的、通过不同方式来保护或争取绿色空间利益的人所进行的活动。① 涉环境的群体性或者是集体性事件呈现了其重要的影响力，也为社会、学界和政府所重视。那么在中国的环境群体性事件呈现什么样的特点？这是我们需要回答的一个问题，进而探讨预防环境群体性事件的发生及其治理更是一个经世致用的问题。

二、文献综述

因绿色空间而维权的环境群体性事件的复杂性在风险社会和网络社区迅猛发展的两大背景下不断凸显，对社会稳定产生直接威胁，这一现状引发了学界的极大关注。关于环境群体性事件及预警已有较多的理论解释与研究，本研究从"理论—定性—定量"三大板块出发对相关文献进行梳理。一是梳理相关的理论学说，二是根据环境群体性事件及预警相关的几个问题域进行

---

① 张也，俞楠. 国内外环境正义研究脉络梳理与概念辨析：现状与反思［J］. 华东理工大学学报（社会科学版），2018，33（03）：108-116.

定性的观点综述，三是根据本课题的三个核心关键词"环境群体性事件"（含相关近义词）进行国内文献的总体性量化分析，以期对环境群体性事件及预警有全局性的认识。

（一）相关理论学说

群体性事件与集体行为（动）、社会运动等相关。国内外对群体性事件的研究较多①，或将环境维权当作一种案例来研究维权抗争事件。② 相关研究的理论渊源有感染论、趋同论、结构性紧张论或者崩溃论、新兴规范论、资源动员论与政治机会论等。与环境群众性事件及其风险预判耦合的理论有社会矛盾学说、社会冲突论、社会运动理论、治理和善治理论、利益相关者论、协商民主论、协同理论、风险社会理论等。

1. 共产党人的社会矛盾学说

矛盾理论是马恩经典作家研究资本主义乃至整个人类社会发展的重要理论和方法。正确处理人民内部矛盾理论，是中国共产党在继承马克思主义经典著作相关理论，结合中国实际，总结中国特色社会主义建设经验的基础上不断丰富发展的理论。它是构建新时代预防和化解社会矛盾的理论基础。20世纪 50 年代中期，毛泽东创造性地提出了比较完整的社会主义基本矛盾和人民内部矛盾学说，成为指导中国进行社会主义现代化建设事业的"标尺"。社会主义社会政治生活的主题是处理人民内部矛盾并提出解决这一类矛盾的一系列方针政策，这是毛泽东对科学社会主义矛盾理论作出的卓越贡献③，对于深刻认识当今社会各种矛盾，尤其是转型时期的人民内部矛盾，提出解决中国现阶段各种矛盾的措施和方法，实现社会和谐，具有重大的现实意义。④ 党

---

① 应星. "气场"与群体性事件的发生机制——两个个案的比较 [J]. 社会学研究，2009，24（06）：105-121，244-245；赵鼎新. 集体行动、搭便车理论与形式社会学方法 [J]. 社会学研究，2006（01）：1-21，243.
② 熊易寒. 市场"脱嵌"与环境冲突 [J]. 读书，2007（09）：17，19-22.
③ 刘春英. 毛泽东正确处理人民内部矛盾理论的形成演化及其当代启示研究 [D]. 呼和浩特：内蒙古师范大学，2017.
④ 谷军. 毛泽东的矛盾理论对解决转型时期社会矛盾的意义 [J]. 马克思主义学刊，2015，3（02）：92-100.

的十一届三中全会以后，中国共产党人结合新的时代背景以及解决矛盾的实践经验，丰富和发展了中国特色的人民内部矛盾理论，强调通过大力发展生产力来解决社会主要矛盾，提出加强社会主义民主法治建设；坚持"效率优先，兼顾公平"，妥善处理好先富与后富的关系，最终实现共同富裕。党的十三届四中全会以来，中国共产党从改革、发展与稳定三者关系的高度，提出了科学认识和处理社会转型时期人民内部矛盾的重要性，构建起以"三个代表"重要思想、"法治"和"德治"相结合等正确处理人民内部矛盾的指导思想与方法。党的十六大以来，中国共产党人提出了科学发展观、构建社会主义和谐社会等重大战略构想，为正确处理人民内部矛盾提供了新的参考坐标和价值标尺。党的十八大以来，以习近平同志为核心的党中央立足新时代中国特色社会主义事业发展全局，坚持以问题为导向，从理论与实践两个维度对新时代如何防范和化解人民内部矛盾作出了创造性的回答，提出了创新有效预防和化解社会矛盾体制、改进社会治理方式等新执政理念与思维，为科学有效地防范和化解新时期的人民内部矛盾提供了科学的路径选择。《中共中央关于全面深化改革若干重大问题的决定》和《中共中央关于全面推进依法治国若干重大问题的决定》从健全重大决策社会稳定风险评估机制、改进社会治理方式、健全依法维权和化解纠纷机制等方面，对防范和化解人民内部矛盾作出了重要指导和规约。①

2. 社会冲突论

环境群众性事件的外在表现为社会冲突，在西方国家往往归属于社会冲突论。社会冲突理论的主要代表人物有 K. 马克思（K. Marx）、R. 达伦多夫（R. Dahrendorf）、L. 科塞（L. Coser）等，代表性观点有：（1）马克思提出阶级冲突论，J. 赖克斯（J. Rex）从马克思主义的基本立场出发，描述了"统治阶段的情境"，指出货币→权力→价值→仪式的一体化社会结构，是为统治阶级的利益服务的观点；（2）科塞在功能冲突论中提出"社会安全阀"

① 程昆. 新时代预防和化解社会矛盾的基本理论研究［J］. 社科纵横，2018（07）：81-85.

制度；（3）达伦多夫提出辩证冲突论，通过"冲突的制度化调节"化解矛盾；（4）R. 柯林斯（R. Collins）主张建立一门以冲突为主题的社会学，论述了对宏观社会结构的理解不能脱离建构这些结构的冲突各方行动者；（5）现当代的社会冲突论，逐渐走向女性主义、民族或种族主义、马克思主义与后现代主义，比如艾伦·西尔斯（Alan Sears）认为社会来自产生冲突的不平等，基于不平等的冲突化解需要社会关系的根本转变。冲突理论产生后，逐渐渗透指导各社会学分支学科的实证研究，在组织社会学、政治社会学、社会分层、集体行为、种族关系、婚姻家庭等领域出现了许多冲突概念主题的论著，在当代社会学发展中产生了重大的影响。综合来看，社会冲突理论强调，冲突既是社会稳定的破坏力，也是社会发展的推动力。借助于可控制的、合法的和制度化的疏导机制，来释放社会紧张，消解社会冲突，以维护社会系统的正常运转，不至于使社会系统瓦解崩溃。

3. 社会运动理论

社会运动（Social movement）是一种社会群体行动与政治现象，其基本特征是在于用体制外的策略，来改变现有体制，推动或阻止社会变革。社会运动研究是 20 世纪 60 年代兴起于西方的一个学术领域，现在已经发展成为一个横跨社会学、经济学、政治学、历史学、社会心理学、传播学、人类学等多门学科的综合性研究领域。作为解释人们群体矛盾行动的多维框架的综合性理论，社会运动理论围绕"何以发生、何以演化、何以收场"的生成逻辑衍生出不同理论流派。社会运动的知识传统，在欧美学界大体以美国的集体行为、社会运动研究和以西欧的新社会运动研究为主要理论范式。从传统社会运动理论流派及演化来看，主要包括古典的集体行为理论、理性选择理论、资源动员理论、政治过程理论、社会建构理论等。从西欧社会运动理论的演进来看，其主要体现为基于对马克思主义革命理论的反思和建构而生成的"后马克思主义"新社会运动理论范式，该新范式认为社会运动是人们的一种非理性因素所致，是人们自身不接受委屈的结果。① 与具有政治目标，意图让劳动阶级在社会中获得资源、公民权及代表性的劳工运动不同，新社会运动着重透过文化的创新、新生活模式的发展及身份的变换，实现所追求的社会性及文化性。②新社会运动反映了当代资本主义发展进入新阶段的总体特征和最新变化，新社会运动替代了传统工人运动成为发达国家中最重要的、最有影响的社会抗议力量，资本主义的基本矛盾在发达资本主义阶段也有了新发展，说明当代资本主义已经发生高度变化，包括信息化、风险化、扩张化、全球化等。③ 赵鼎新在原因方面从变迁、结构、话语三个角度对新社会运动进行了深入分析。④ 从社会运动走向新社会运动，美欧两大阵营的研究旨趣、概念命题及框架内容等呈现不同的逻辑进路⑤，美国社会运动研究也能为中国社会基层矛盾与化解提供借鉴与指导，刘能认为政治进程模型、古典理论和社会建构论对当代中国相关现象的解释力要更强一些。⑥

4. 治理和善治理论

治理理论基于社会治理的视角，处理和协调社会矛盾，无疑为我们缓和和妥善处理社会矛盾提供了全新的视角和借鉴的方法。治理理论强调的合作性，公共性理论强调的公共性，共同构成了共建共治共享社会治理格局深厚的理论基础。⑦ M. 福柯（M. Foucault）提出了"治理术"（governmentality）的概念，认为国家应该抛弃单纯压制和行政控制的"硬治理"方式，转向国

---

① FUCHS A. W. G. Sebald's Painters：The Function of Fine Art in his Prose Works ［J］. The Modern Language Review，2006，101（01）：167-183，311-312.

② HABERMAS J. New Social Movements ［J］. Telos，1981（44）：33-37.

③ BUECHLER S M. New Social Movement Theories ［J］. Sociological Quarterly，1995，36（03）：441-464.

④ 赵鼎新. 社会与政治运动理论：框架与反思 ［J］. 学海，2006（02）：20-25.

⑤ 冯仕政. 西方社会运动研究：现状与范式 ［J］. 国外社会科学，2003（05）：66-70；倪明胜，钱彩平. 从社会运动到新社会运动：理论谱系与演化进路 ［J］. 上海行政学院学报，2017，18（05）：59-69.

⑥ 刘能. 社会运动理论：范式变迁及其与中国当代社会研究现场的相关度 ［J］. 江苏行政学院学报，2009（04）：76-82.

⑦ 夏锦文. 共建共治共享的社会治理格局：理论构建与实践探索 ［J］. 江苏社会科学，2018（03）：53-62.

家自身的法治化和理性化建设，依靠对社会复杂关系的有效调配和对权力话语细致入微的疏导，实行"软治理"。自 1989 年世界银行提出"治理危机"的概念后，治理便风靡全球。人们大多认为，"治理理论是一套用于解释现代国家与社会结构变化特征的规范性分析框架"①。20 世纪 90 年代以后，一方面，随着经济全球化、世界多极化趋势的深度发展，各国原有的治理体制越来越不能适应现实社会关系的复杂多变，全球治理体系和国际秩序变革加速推进。另一方面，志愿者团体、慈善机构、社区组织、民间互助组织等社会自治力量不断壮大，它们对公共生活的影响日益增大。在这种情况下，理论界开始重新反思政府与市场、政府与社会的关系问题，治理和善治理论应运而生。② 世界银行在年度报告《治理与发展》中更加系统地阐述了关于治理的看法，全球治理委员会提出被广为接受的治理的定义："治理是或公或私的个人和机构经营管理相同事务的诸多方式的总和。它是使相互冲突或不同的利益得以调和并且采取联合行动的持续的过程。它包括有权迫使人们服从的正式机构和规章制度，以及种种非正式安排。而凡此种种均由人民和机构或者同意，或者认为符合他们的利益而授予其权力。"治理理论追求的目标是"善治"③，如 M. 萨拉蒙（M. Salamon）在构建"新治理"理论时所言，治理要想区别于传统的统治，就必须重视多方治理主体的合作共治，以此体现各类主体的广泛协作关系。④ 治理是多元主体以协商为基础，以合作为支撑，以共赢为目标指向，遵循共同规则共同应对处理公共事务的持续过程⑤，开展整体性治理⑥。

---

① 孙柏瑛. 开放性、社会建构与基层政府社会治理创新 [J]. 行政科学论坛，2014 (04)：10-15.

② 程昆. 新时代预防和化解社会矛盾的基本理论研究 [J]. 社科纵横，2018 (07)：81-85.

③ 俞可平. 经济全球化与治理的变迁 [J]. 哲学研究，2000 (10)：17-24.

④ SALAMON E. The Tools of Government [M]. London：Oxford University Press，2002：605.

⑤ 夏锦文. 习近平新时代法治与发展思想论要 [J]. 江海学刊，2018 (02)：20-29.

⑥ PERRITT H. Cyberspace self-government：Town Hall Democracy or Rediscovered Royalism [J]. Berkeley Technology Law Journal，1997，12 (02)：413-482.

5. 利益相关者理论

所谓"利益相关者",是指行为影响他人或被影响的个体和群体。利益相关者理论源于商业领域①,但其治理目标、治理结构和治理动力与社会治理具有高度耦合性,"共建共治共享"本质上就是"利益相关者共同治理",包括利益相关者的发现、参与、合作、创新和满足。社会治理领域与商业领域一样经历了管控、管理和治理三个阶段。利益相关者管理提出"共治"必须遵循合作原则、参与原则、责任原则、复杂性原则、持续创造原则、凸显竞争原则等。爱德华·弗里曼(Edward Freeman),安德鲁·威克斯(Andrew Wicks)等认为,利益相关者共治的核心在于"管理者必须发展关系,激发他们的利益相关者",并且创造一种所有人都能尽最大努力向公司传递最好价值的共同体。②"共治"要求各治理主体能够主动参与、充分协商、形成共识,通过合理的角色分工和权责分配,在建设过程中相互配合,从而达到"1+1+1>3"的治理效果。反之,如果缺乏明确的合作规范和互动机制,甚至可能造成"1+1+1=0"的结果,无论是"一个和尚挑水吃、两个和尚抬水吃、三个和尚没水吃"的寓言,还是"公地悲剧""搭便车""囚徒困境""集体行动的困境"等学术概念,都阐明了"共治"并不必然带来最优的结果。社会治理利益难相关、不相关甚至负相关,以及利益相关者难合作甚至不合作是"共建共治共享"面临的重大挑战。

6. 协商民主理论

"协商民主"最早由美国学者约瑟夫·毕塞特(Joseph Bessette, 1980)在其所写的《协商民主:共和政府下的多数原则》一文中提出。虽然人们对"协商民主"的含义存在争议,但普遍认同的观点是,协商民主是指公民通过自由而平等的协商、对话、讨论等方式,参与公共决策和政治生活的过程。协商民主的产生和发展有其特定的社会背景。第一,代议制的平庸化和精英

① HANNAN M T, FREEMAN J. Structural Inertia and Organizational Change [J]. American Sociological Review, 1984, 49 (02): 149-164.

② FREEMAN E, MOUTCHNIK A. Stakeholder Management and CSR: Questions and Answers [J]. UmweltWirtschaftsForum, 2013, 21 (1-2): 5-9.

化。第二，当下全球范围内社会治理模式的转轨。传统治理模式下，政治国家凌驾于公民社会之上，公共权力资源配置单极化和公共权力运用单向性极其突出。在社会主义市场经济深刻变革的当代，以互联网、数字技术和移动通信技术为代表的新媒介不仅深刻地改变着人们的生活形态，并且也改变了人们政治参与的方式与途径。在这样的社会背景下，协商民主的理论和实践得以不断丰富和发展。"协商民主"在中国的理论与实践可以追溯到新中国成立前夕。1949 年 9 月，中国人民政治协商会议第一届全体会议在北京召开，以协商民主为表现形式之一的人民民主形式开始在中国确立起来。2017 年，党的十九大报告强调，"协商民主是实现党的领导的重要方式，是我国社会主义民主政治的特有形式和独特优势"，"人民政协是具有中国特色的制度安排，是社会主义协商民主的重要渠道和专门协商机构"。协商民主从政治上和理论上得以确立和完善起来。协商民主与 J. 哈贝马斯（J. Habermas）的沟通理性也具有相洽性。①

7. 协同理论

协同理论，又称协同学（Synergetics），在 20 世纪 70 年代初由联邦德国理论物理学家赫尔曼·哈肯（Hermann Haken）创立。它以现代科学的最新成果——系统论、信息论、控制论、突变论等为基础，吸取了结构耗散理论的大量营养，吸取了平衡相变理论中序参量的概念和绝热消去原理，通过对不同学科领域中的同类现象的类比，进一步揭示了各种系统和现象中从无序到有序转变的共同规律，是研究各种由大量子系统组成的系统在一定条件下，通过子系统间的协同作用，在宏观上呈有序状态，形成具有一定功能的自组织结构机理的学科。② 同耗散结构理论一样，协同学的研究对象也是远离平衡态的开放系统，但它进一步指出系统从无序到有序转化的关键并不在于系统

---

① HABERMAS J. Democracy in Europe: Why the Development of the EU into a Transnational Democracy Is Necessary and How It Is Possible [J]. European Law Journal, 2015, 21 (04): 546–557.

② WUNDERLIN A, HAKEN H. Some Applications of Basic Ideas and Models of Synergetics to Sociology [M]. Berlin: Springer Berlin Heidelberg, 1984: 174–182.

是平衡或非平衡，或是偏离平衡状态的远近，而在于组成系统的各个子系统之间的协同作用，即，不仅处于非平衡态的开放系统，而且处于平衡态的开放系统，在一定的条件下，都可呈现出宏观的有序结构，主要内容体现在协同效应、伺服原理和自组织原理上。① 由于协同理论属于自组织理论的范畴，其使命并不仅仅是发现自然界中的一般规律，而且还在无生命自然界与有生命自然界之间架起了一道桥梁（赫尔曼·哈肯，1995），应用范围广泛。在知网检索可知，标题含协同理论（协同论或协同学）的文献就涉及管理学、政治学、法学、社会学、信息学、物理学等学科。该理论的主要内容对于社会矛盾纠纷的化解和预判具有重要指导价值。

8. 风险社会理论

"风险社会"是德国著名社会学家U. 贝克（U. Beck）首次系统提出来的理解现代性社会的核心概念。贝克将现代性的特征称为"风险社会"，因现代性本身产生的风险和不安全的处置系统就是风险社会。贝克认为，风险社会的突出特征有两个：一是具有不断扩散的人为不确定性逻辑；二是导致了现有社会结构、制度以及关系向更加复杂、偶然和分裂状态转变。所以，现在的风险与古代的风险不同，是现代化、现代性本身的结果。在风险社会中，风险的生产和分配逻辑代替了财富生产逻辑，成为风险社会的轴心原则，也是社会分层和政治分化的标志。A. 吉登斯和C. 皮尔森（A. Giddens & C. Pierson）在对现代性的分析中引入了时空特性，指出现代性与前现代性区别开来的明显特质就是现代性意味着社会变迁步伐的加快、范围的扩大和空前的深刻性。风险社会理论作为基于西方发达国家所面临的风险和危机提出的理论解释，其理论观点既有其普遍性的一面，又有其特殊性的一面。这些认识对于矛盾纠纷的化解具有重要的启示意义。风险社会研究也在近几年间日益成为国内学界重点关注的议题，而学界对此理论的研究也从介绍和引进逐渐朝向更为本土化的思考和探讨②，有人认为风险社会关于现代性自反、理性

---

① 白列湖. 协同论与管理协同理论 [J]. 甘肃社会科学，2007（05）：228-230.

② 童星，曹海林. 2007—2010 年国内风险社会研究述评 [J]. 江苏大学学报（社会科学版），2012（01）：8-13.

内在分裂、现代风险特征等论述具有普遍性和重要借鉴意义；而其关于风险社会内涵、风险根源、风险分配、风险治理等论述则具有西方中心的局限性，并不完全适合解释我国的风险社会现实状况，提出风险社会理论的本土化研究，需要侧重于我国的历史维度以及社会转型视角和制度视角等进行系统研究，推动构建具有我国特色的风险社会概念体系和理论范式。① 基层社会矛盾是推动经济社会发展的动力，也是我国可能步入风险社会的影响因素。经济体制变革、政治体制改革、利益结构调整、思想观念变化、社会结构变动、发展方式转变共同构成我国社会矛盾力场，在促进基层社会健康发展的同时，也成为基层社会矛盾的驱动力，产生乃至激化基层社会矛盾。必须通过发展农村经济、改善农村政治生活、增强风险意识、优化阶层结构、创新农村制度和转变农村发展方式等途径，增强矛盾抑制力，防控基层社会矛盾风险化，促进和谐社会建设。②

（二）相关研究的定性梳理

群体性事件与集体行为（动）、社会运动等相关。国内外对群体性事件的研究较多，或将环境维权当作一种案例来研究维权抗争事件，但不论如何，环境维权总体上还是一种社会行为，因此我们从研究视角、环境维权行为、纠纷化解方法和风险预判四个方面来进行综合梳理。

1. 研究视角

通过对国内外关于环境群体性事件抗争丰富的研究文献进行梳理，认为关于环境群体性事件研究从理想型的研究视角上可以归纳为五点：

（1）环境公正或者环境正义视角

代表人物有加尼特（Garnett）、墨海（Mohai）和沙哈（Saha）与王芳等，重点考量了环境抗争的公平困境及社会分层性影响因素，环境正义是指人人

---

① 张广利，黄成亮. 风险社会理论本土化：理论、经验及限度 [J]. 华东理工大学学报（社会科学版），2018（02）：10-16.

② 米正华. 风险社会理论视角下的农村社会矛盾防控 [J]. 江西社会科学，2013（09）：180-184.

平等地享有健康的环境。①

　　20 世纪 80 年代在西方有关研究环境公正的话语被广泛建构，此时种族被认为是环境不公正分配的决定因素。② 90 年代后的研究日益广泛，强调了跨国环境正义问题和源于反对发展的激进主义的后果，并认为应该进一步扩大环境正义话语的范围。③ 一些学者通过定量分析表明由于社会经济地位的差异（包括教育水平、收入、户籍等）而形成的环境风险的不平等分配确实存在，社会经济地位较低的人往往承担更多的环境风险。④ 在中国语境下，环境公正问题的探索研究更加复杂。张也等通过整合国内外环境正义研究的发展轨迹，去深入思考环境非正义现象。⑤ 在地区之间，一些学者通过定性分析建构不同场域下对环境公正及运动的地方化理解。⑥ 冯仕政更加具体地考察了基于社会关系网络造成的环境不公正。⑦ 该研究视角下认为环境问题或是环境抗争发生的真正原因是社会关系与社会结构的非公正性。⑧

　　（2）国家与社会关系视角

　　代表人物有加拿大教授约翰·汉尼根（John Hannigan）及冯仕政等，把

---

①　GUIDRY V T, RHODES S M, WOODS C G, et al. Connecting Environmental Justice and Community Health：Effects of Hog Production in North Carolina ［J］. North Carolina medical journal, 2018, 79（5）：324-328.

②　ROBIN S, PAUL M. Historical Context and Hazardous Waste Facility Siting：Understanding Temporal Patterns in Michigan ［J］. Social Problems, 2005（4）：618-648.

③　GARNETT J. Your Place or Mine? Environmental（In）justice in Myanmar and Australian Activism ［J］. Environmental Justice, 2018, 11（6）：228-232.

④　WANG Y, HU J, LIN W, et al. Health Risk Assessment of Migrant Workers' Exposure to Polychlorinated Biphenyls in Air and Dust in An E-waste recycling Area in China：Indication for A New Wealth Gap in Environmental Rights ［J］. Environment International, 2016, 87：33-41.

⑤　张也, 俞楠. 国内外环境正义研究脉络梳理与概念辨析：现状与反思 ［J］. 华东理工大学学报（社会科学版）, 2018（03）：108-116.

⑥　刘春燕. 中国农民的环境公正意识与行动取向 ［J］. 社会, 2012（01）：174-196.

⑦　冯仕政. 沉默的大多数：差序格局与环境抗争 ［J］. 中国人民大学学报, 2007（01）：122-132.

⑧　BULLARD R D. Race and Environmental Justice in the United States ［J］. Yale Journal of International Law, 1993（18）：319-355.

公民社会的成熟度作为一个重要的影响标识来考察抗争的制约因素，环境事件与法规制度、政府治理、社会经济发展水平等结构性因素相关。国外的研究主要集中在社会组织及公民权利的发展，约翰·莎莉文（John Sullivan）等在对墨西哥湾沿岸环境和经济司法中心成员的采访中发现，组织对环境正义的承诺是密西西比非洲裔美国人民权和社会正义斗争的自然结果。① 也有学者通过建立对数线性模型发现对于环境危害的负面看法和报道的文化压力及社会凝聚力之间存在显著相关。② 国内的研究主要围绕着社会发展水平及政府治理等方面，张玉林指出了政经一体化开发机制与农村环境冲突，分析了环境抗争方式的中国经验。③ 有些学者以"群体性事件"概念及其内涵为抓手，指出在国家治理和社会冲突两方面共同作用、往复互动下群体性事件的社会逻辑和机制。④ 除此之外，群体性事件参与意愿是否会转化为真正的行动，还受到外部环境的影响，其中政府行为的影响十分明显。⑤ 陈阿江在研究水污染问题的过程中，指出某些部门已严格设计好人工系统，但生活在其中的人还没有完全养成按规则行事的习惯。⑥ 在草原生态环境的研究中，尽管个人理性和国家权威都对环境保护起到了不同程度的作用，但保护草原生态环境仍然需要制度创新。⑦

① SULLIVAN J, PARADY K. Social Justice and Environmental Justice is an Easy Blend for us: You Can't Have One Without the Other——An Interview With CEEJ [J]. New Solut, 2019, 28 (04): 651-663.
② OU J Y, PETERS J L, LEVY J I, et al. Self-rated Health and its Association with Perceived Environmental Hazards, the Social Environment, and Cultural Stressors in An Environmental Justice Population [J]. BMC Public Health, 2018, 18: 970.
③ 张玉林. 环境抗争的中国经验 [J]. 学海, 2010 (02): 66-68.
④ 冯仕政. 社会冲突、国家治理与"群体性事件"概念的演生 [J]. 社会学研究, 2015 (05): 63-89, 243-244.
⑤ 刘传江, 赵颖智, 董延芳. 不一致的意愿与行动: 农民工群体性事件参与探悉 [J]. 中国人口科学, 2012 (02): 87-94.
⑥ 陈阿江. 文本规范与实践规范的分离——太湖流域工业污染的一个解释框架 [J]. 学海, 2008 (04): 52-59.
⑦ 王晓毅. 从承包到"再集中"——中国北方草原环境保护政策分析 [J]. 中国农村观察, 2009 (03): 36-46.

（3）社会心理文化视角

国外重点对环境行为进行跨文化比较，并认为特别容易受到气候变化影响的一些社区面临更大的心理健康危险。① 国内开始意识到心理认知与文化传统性因素对环境行为有着相应的影响。陈颀等对 DH 事件进行分析探讨情感与群体性事件的关系。② 从环境风险到社会危机的转变，会造成社会心理的失调，而社会心理承受能力的失调又加剧了从风险到危机的转变。③

（4）结构主义视角与冲突管理视角

代表人物有张振华、李伟权，把环境群体性事件看作是社会冲突问题，主要研究这种冲突演变的规律及特点。当面临政府不愿意处理的环境保护问题时，社区组织会产生抗争。④ 比如李伟权把环境群体性事件的过程分为冲突酝酿、凸显、升级和冲突消减四个阶段。⑤ 有学者通过我国冲突管理形式的建构和实际运作来论证中国社会冲突偏离制度化发展方向是冲突管理制度形塑的产物。⑥ 杜雁军等指出我国的农村环境冲突事件具有可协调性，是源于人民内部的矛盾的群体性事件。⑦

---

① HAYWARD R A, JOSEPH D D. Social Work Perspectives on Climate Change and Vulnerable Populations in the Caribbean：Environmental Justice and Health ［J］. Environmental Justice，2018，11（05）：192-197.

② 陈颀，吴毅. 群体性事件的情感逻辑——以 DH 事件为核心案例及其延伸分析 ［J］. 社会，2014（01）：75-103.

③ 沈一兵. 从环境风险到社会危机的演化机理及其治理对策——以我国十起典型环境群体性事件为例 ［J］. 华东理工大学学报（社会科学版），2015（06）：92-105.

④ BROWN P，VEGA C M V，MURPHY C B，et al. Hurricanes and the Environmental Justice Island：Irma and Maria in Puerto Rico ［J］. Environmental Justice，2018，11（04）：148-153.

⑤ 李伟权，谢景. 社会冲突视角下环境群体性事件参与群体行为演变分析 ［J］. 理论探讨，2015（03）：158-162.

⑥ 张振华. 中国的社会冲突缘何未能制度化：基于冲突管理的视角 ［J］. 社会科学，2015（07）：87-98.

⑦ 杜雁军，马存利. 社会冲突论下农村环境群体性事件的应对 ［J］. 经济问题，2015（06）：100-103.

（5）其他视角

人类中心主义视角也被主流媒体在理解环境事件时广泛应用①，有学者从反殖民主义的视角重新审视气候变化和环境退化问题②，关于政治意识形态和环境政策的研究也受到关注③，美国学者通过探讨土著本体论、认知美德和伦理责任等来界定生态关系④。周志家进行了厦门居民 PX 环境运动参与行为的动机分析。⑤ 荀丽丽认为气候变异率的增加带来的高度"不确定性"的环境状态本身即是对自上而下的、集权化的、标准化的、简单化的生态治理模式的反叛。⑥ 也有人认为利益驱动与不满情绪是农民参加集体环境抗争的主要原因。⑦

2. 环境维权行为

国外的研究主要集中在社区层面的差异上，较贫穷的社区往往位于质量较差的自然环境中，承受较大的环境负担和较大的社会风险。一些学者调查

---

① MOERNAUT R, MAST J, PEPERMANS Y. Reversed Positionality, Reversed Reality? The Multimodal Environmental Justice Frame in Mainstream and Alternative Media [J]. International Communication Gazette, 2018, 80 (05): 476-505.

② DHILLON J. Indigenous Resurgence, Decolonization, and Movements for Environmental Justice Introduction [J]. Environment and Society-Advances in Research, 2018, 9 (01): 1-5.

③ CLAYTON S. The Role of Perceived Justice, Political Ideology, and Individual or Collective Framing in Support for Environmental Policies [J]. Social Justice Research, 2018, 31 (03): 219-237.

④ SINCLAIR R. Righting Names The Importance of Native American Philosophies of Naming for Environmental Justice [J]. Environment and Society-Advances in Research, 2018, 9 (01): 91-106.

⑤ 周志家. 环境保护、群体压力还是利益波及 厦门居民 PX 环境运动参与行为的动机分析 [J]. 社会, 2011 (01): 1-34.

⑥ 荀丽丽. 与"不确定性"共存：草原牧民的本土生态知识 [J]. 学海, 2011 (03): 18-29.

⑦ 张金俊. 转型期国家与农民关系的一项社会学考察 [J]. 西南民族大学学报（人文社会科学版）, 2012 (09): 59-63.

分析城市间更广泛的不平等现象。① 对于个案的探讨也比较激烈，比如煤炭开
采和加工相关的环境健康风险②、铅污染③、发电厂、废物处理设施或运输网
络等大型基建项目的发展等④。迄今为止，对环境不平等的分析主要集中在污
染问题上，普遍令人关注如何在政策和规划范围内确保环境公平，较少关注
支持人类福祉的自然环境效益。⑤

　　在我国改革推动经济快速发展大背景下，环境与社会生态的恶化和群体
性事件抗争相互交织，不同场域下分散的、多样的环境抗争事件引起了学界
的广泛讨论。主要集中探讨城乡发展中的资源和环境问题⑥，进一步建构城乡
正义话语体系⑦。我国农村环境问题的出现是政策目标指向下一系列制度安排
的必然结果，对于农村地区环境群体性事件的研究更加丰富。⑧ 对一些特殊个
案中环境问题的感知也比较敏感，例如煤矿区的环境治理⑨、市民反对垃圾焚

---

① RIGOLON A, BROWNING M, JENNINGS V. Inequities in the Quality of Urban Park
　Systems：An Environmental Justice investigation of Cities in the United States ［J］. Landscape
　and Urban Planning, 2018, 178：156-169.

② OSKARASSON P, BEDI H P. Extracting Environmental Justice：Countering Technical Rendi-
　tions of Pollution in India's Coal Industry ［J］. The Extractive Industries and Society, 2018, 5
　（03）：340-347.

③ NEUWIRTH L S. Resurgent Lead Poisoning and Renewed Public Attention towards Environmen-
　tal Social Justice Issues：A review of Current Efforts and call to revitalize Primary and
　Secondary Lead Poisoning Prevention for Pregnant Women, Lactating Mothers, and Children
　within the U. S. ［J］. International Journal of Occupational and Environmental Health, 2018,
　24 (3-4)：86-100.

④ COTTON M. Environmental Justice as Scalar Parity：Lessons from Nuclear Waste Management
　［J］. Social Justice Research, 2018, 31 （03）：238-259.

⑤ MULLIN K, MITCHELL G, NAWAZ N R, et al. Natural Capital and the poor in England：
　Towards An Environmental Justice Analysis of Ecosystem Services in A High Income Country
　［J］. Landscape and Urban Planning, 2018, 176：10-21.

⑥ 李玉恒, 刘彦随. 中国城乡发展转型中资源与环境问题解析 ［J］. 经济地理, 2013
　（01）：61-65.

⑦ 王树义, 周迪. 回归城乡正义：新《环境保护法》加强对农村环境的保护 ［J］. 环境保
　护, 2014（10）：29-34.

⑧ 闵继胜. 改革开放以来农村环境治理的变迁 ［J］. 改革, 2016（03）：84-93.

⑨ 史兴民, 刘春霞. 煤矿区居民对环境问题的感知——以陕西省彬长矿区为例 ［J］. 干旱
　区地理, 2012（04）：631-638.

烧发电厂建设引起的集体运动①、水利水电工程移民中发生的"群体性事件"② 等。中国农民在环境公正问题上的关注，主要集中在政府与企业在无偿获得公共利益的同时是否承担相应的集体或社会责任上。国内对环境群体性事件的研究主要呈现出三种特征：

首先，一些学者从利益博弈的视角讨论环境群体性事件，其中中央和地方政府、企业、非政府组织乃至环境弱势群体都被视为"平等的"利益相关者，都能够"理性地"权衡自身利益而做出选择。③ 而环境群体性事件发生的主要原因是抗争者的利益受到损害，进而解决路径应该是平衡各方利益，而非解决环境非正义。④ 民众与政府之间通过政策博弈，最终使社会冲突得以解决。⑤

其次，对环境群体性事件的讨论关注点在于事件发展的过程、组织方式等，其目的在于进行冲突管理，以维护社会稳定，而非真正意义上的关注环境弱势群体受污染的情况以及所面临的非正义。国家通过"维稳"作为一种新的集体行动控制机制来整合、改造和更新既有的冲突管理制度最大限度地防范社会冲突危及改革开放稳定的大局⑥。在环境政策的实施中，当自上而下地从中央到地方、从政府到社会的生态治理脉络被纳入当既有的制度结构中时，地方政府"代理型政权经营者"与"谋利型政权经营者"的双重角色，使"生态保护"慢慢淡出了环境政策的实践。⑦

---

① 龚文娟. 约制与建构：环境议题的呈现机制 [J]. 社会, 2013 (01)：161-194.
② 施国庆，余芳梅，徐元刚，等. 水利水电工程移民群体性事件类型探讨——基于 QW 省水电移民社会稳定调查 [J]. 西北人口, 2010 (05)：35-40.
③ 朱力. 中国社会风险解析——群体性事件的社会冲突性质 [J]. 学海, 2009 (01)：69-78.
④ 张振华. 中国的社会冲突缘何未能制度化：基于冲突管理的视角 [J]. 社会科学, 2015 (07)：87-98.
⑤ 汪伟全. 风险放大、集体行动和政策博弈——环境类群体事件暴力抗争的演化路径研究 [J]. 公共管理学报, 2015 (01)：127-136.
⑥ 张振华. 中国的社会冲突缘何未能制度化：基于冲突管理的视角 [J]. 社会科学, 2015 (07)：87-98.
⑦ 荀丽丽，包智明. 政府动员型环境政策及其地方实践——关于内蒙古 S 旗生态移民的社会学分析 [J]. 中国社会科学, 2007 (05)：114-128.

最后，环境群体性事件被广泛认为在本质上与环境正义运动不同，不具备环境正义所具有的变革性力量。因为前者普遍被认为是以事件为中心的、自我利益为导向的、组织松散的、缺乏专业性的以及基于规则意识而非权利意识的。① 而中国发展过程中所面临的环境公平问题体现在国际层次、地区层次和群体层次上②，环境正义与环境主义之间也存在着某些共同的价值诉求和多方面的分歧③。由于部分环境正义评价指标获取难度较大，目前尚难以进入生态文明建设评价体系。④

这三点也是紧密相关的，将环境群体性事件界定为利益导向的事件，可以更容易地证明其不具有环境正义运动的变革性力量，同时，将现有的或潜在的环境弱势群体视为与其他主体平等的利益相关者，就忽视了不同主体之间在事件发生前后的不平衡的权力关系，忽视了环境弱势群体在群体性事件中所面临的环境非正义，并错误地认为环境群体性事件的产生并非源于环境非正义，进而认为与解决环境问题相比，更重要的是平息破坏社会秩序的这些事件。⑤

3. 纠纷化解方法

在中国历史上，为缓和社会矛盾，孔子主张"德治"，荀子借助"礼义"，墨子主张"兼相爱"，老子主张"无为"，韩非子主张通过斗争来解决社会矛盾。新中国成立以来，国家政权积极加强环境立法，加强环境保护。⑥在化解方法上，国外学者有人认为必须通过不同环境下的创新互动模式进行

---

① 王晓毅. 从承包到"再集中"——中国北方草原环境保护政策分析 [J]. 中国农村观察，2009（03）：36-46.

② 洪大用. 环境公平：环境问题的社会学视点 [J]. 浙江学刊，2001（04）：67-73.

③ 王云霞. 环境正义与环境主义：绿色运动中的冲突与融合 [J]. 南开学报（哲学社会科学版），2015（02）：57-64.

④ 刘海龙. 环境正义：生态文明建设评价的重要维度 [J]. 中国特色社会主义研究，2016（05）：89-94.

⑤ 张也，俞楠. 国内外环境正义研究脉络梳理与概念辨析：现状与反思 [J]. 华东理工大学学报（社会科学版），2018（03）：108-116.

⑥ 王树义，周迪. 回归城乡正义：新《环境保护法》加强对农村环境的保护 [J]. 环境保护，2014（10）：29-34.

渐进式和变革性的社会学习①，探讨通过与本土知识传统的接触来推进环境正义（EJ）理论和实践的潜力②，提出了公平过渡的新的解释框架，将气候、能源和环境正义奖学金结合在一起③，并将环境问题作为人类健康和社会的一项基本问题进行立法改革④。概述政策过程中衍生出的"标量平等"新概念，即地方社区和区域及国家政治利益攸关方负责通过伙伴关系组织的"支点"平衡其相互竞争的利益，公平解决环境正义纠纷。⑤ 国内学者对于化解环境群体性事件的主要观点有：

（1）综合统筹说

结合中国实际提出推动环境信息披露、保护公众环境知情权，扩大公众参与、提高决策公信力，提供司法救济、保障公民环境权益的建议。⑥ 政府要承担公共利益代表的角色，企业积极履行环境社会责任，公众理性表达利益诉求。⑦ 环境部门需加倍重视，同时其他公共管理部门也应十分重视，例如公安机关。⑧ 从而进行有效的风险沟通、设置形式多样的公民参与机制、构建

---

① REKOLA A, PALONIEMI R. Researcher-planner Dialogue on Environmental Justice and Its Knowledges—A Means to Encourage Social Learning Towards Sustainability [J]. Sustainability, 2018, 10 (08): 1-21.

② MCGREGOR D. Mino-Mnaamodzawin Achieving Indigenous Environmental Justice in Canada [J]. Environment and Society-Advances in Research, 2018, 9 (01): 7-24.

③ MCCAULEY D, HEFFRON R. Just Transition: Integrating Climate, Energy and Environmental Justice [J]. ENERGY POLICY, 2018, 119: 1-7.

④ LIEW J. A Comparison of Third-party Administrative Review Rights in Planning and Environmental Law from a Social Justice Perspective [J]. Envioenmental and Panning Law Journal, 2018, 35 (05): 560-570.

⑤ COTTON M. Environmental Justice as Scalar Parity: Lessons from Nuclear Waste Management [J]. Social Justice Research, 2018, 31 (03): 238-259.

⑥ 魏庆坡，陈刚. 美国预防和应对环境群体性事件对中国的启示 [J]. 环境保护, 2013 (22): 65-67.

⑦ 聂军，柳建文. 环境群体性事件的发生与防范：从政企合谋到政企合作 [J]. 当代经济管理, 2014 (08): 49-53.

⑧ 王越. 公安机关对环境群体性事件的预防与处置策略——基于启东事件的分析与思考 [J]. 法制与社会, 2014 (11): 83-85.

"参与-回应"型社会治理模式。①

（2）政治建设说

政治建设在社会矛盾治理中具有优先地位②，应以社会公正来奠定社会安全的基础③。针对环境群体性事件独特的地域性、诉求多元性等，治理环境群体性事件应着力提高政府公信力。④ 完善政府治理机制，提高治理效果，并要做到理论创新和民主治理能力提升。⑤ 政府部门要从维护人民群众利益的角度出发，加强教育宣传，建立健全环境信息公开制度等。⑥ 暴力型环境群体性事件的治理关键在于政府。⑦

（3）中介组织及第三方说

利用大数据，建立预防环境群体性事件的社会工作介入机制与路径。⑧ 政府通过购买社会工作服务防治环境群体性事件，构筑"政府、社会工作组织、公众、传媒"四位一体、相互监督制约的平衡机制。⑨ 环境非政府组织参与环境群体性事件的治理也可以很大程度上弥补由政府作为单一主体处理群体性事件的不足。⑩

---

① 张婧飞. 农村邻避型环境群体性事件发生机理及防治路径研究［J］. 中国农业大学学报（社会科学版），2015（02）：35-40.

② 邹宏如. 论政治建设在社会矛盾治理中的优先地位［J］. 马克思主义研究，2012（08）：123-129.

③ 吴忠民. 以社会公正奠定社会安全的基础［J］. 社会学研究，2012（04）：17-24.

④ 刘细良，刘秀秀. 基于政府公信力的环境群体性事件成因及对策分析［J］. 中国管理科学，2013（S1）：153-158.

⑤ 张劲松. 邻避型环境群体性事件的政府治理［J］. 理论探讨，2014（05）：20-25.

⑥ 秦书生，鞠传国. 环境群体性事件的发生机理、影响机制与防治措施——基于复杂性视角下的分析［J］. 系统科学学报，2018（02）：50-55.

⑦ 王玉明. 暴力型环境群体性事件的成因分析——基于对十起典型环境群体性事件的研究［J］. 中共珠海市委党校珠海市行政学院学报，2012（03）：37-42.

⑧ 彭小兵，谢文昌. 社会工作介入环境群体性事件预防的机制与路径——基于大数据视角［J］. 社会工作，2016（04）：62-71.

⑨ 彭小兵，杨东伟. 防治环境群体性事件中的政府购买社会工作服务研究［J］. 社会工作，2014（06）：16-27.

⑩ 刘潇阳. 环境非政府组织参与环境群体性事件治理：困境及路径［J］. 学习论坛，2018（05）：67-71.

当然，除了上述观点之外，有些学者认为提高民众的社会信任水平可以在一定程度上预防突发群体性事件。由于环境群体性事件的发生有复杂的诱因，各方应依据实际情况进行有所区别的预防和处理。① 不同类型环境群体性事件的演化呈现出不同的机理与路径，环境群体性事件的阻断和治理也应该针对不同类型的事件区别应对。② 从环境风险到环境群体性事件发生是一个动态化的演变过程，因此我们需要建立一种常态化的过程治理机制。③ 也有学者认为环境问题就是生存问题，政府、企业和专家都不能解决，需要受害者持久地抗争。④ 针对特定的个案，也有一些因地制宜的方案，有学者利用因子分析法为政府新建 PX 项目的选址提供理论参考，从而避免 PX 项目环境群体性事件的发生。⑤

4. 风险预判研究

社会风险预判是社会风险防控的关键环节，事关社会的和谐稳定和国家的长治久安。美国社会学家 R. A. 鲍尔（R. A. Bauer）《社会指标》一书的出版成为科学社会预警方法产生的标志，西方国家随后兴起一股"社会指标运动"热潮。比较有代表性的是美国"哈佛景气动向指数""富兰德指数"，七国首脑联合制定的"经济监测指标"，美国外资政策研究所的"政治监测指标"等，近期则更关注社会安全网的建立。国内风险预判研究主要集中在危机管理领域的预警研究上。我国改革开放后，由于社会转型社会不稳定性增大，国内学者也开始了对社会预警指标的研究。1988 年中国社科院社会学所成立了社会指标预警课题组，对涉及社会安全与风险的相关指标进行了研究，提出由经济指标、生活质量指标、社会问题指标、主观指标四大类 40 多个主客观具体指标组成的指标体系。宋林飞对社会预

---

① 尹木子. 新生代流动人口群体性事件参与意愿研究 [J]. 青年研究, 2016（02）：30-38.

② 尹文嘉, 刘平. 环境群体性事件的演化机理分析 [J]. 行政论坛, 2015（02）：38-42.

③ 沈一兵. 从环境风险到社会危机的演化机理及其治理对策——以我国十起典型环境群体性事件为例 [J]. 华东理工大学学报（社会科学版）, 2015（06）：92-105.

④ 张玉林. 环境抗争的中国经验 [J]. 学海, 2010（02）：66-68.

⑤ 付军, 陈瑶. PX 项目环境群体性事件成因分析及对策研究 [J]. 环境保护, 2015（16）：61-64.

警指标做了系统研究，并多次进行修订，最后确定由收入稳定性、贫富分化、失业、通货膨胀、腐败、社会治安、突发事件七大类 40 多个指标构成的"社会监测与报警指标体系"①。目前基本构建了社会风险的理论框架，如童星与张海波提出了社会风险识别理论②，朱力等提出由"预测趋势、消除诱因、瓦解条件、抑制生长、宣泄能量和提高燃点"6 个子理论组成的社会预防论③。较多的研究提出需要进行风险预判，重视风险预判，也提出了很多的预判方案，学者们设计了对经济、生活水平等方面的主观指标来进行社会风险预警指标研究。学者们主要从立法、体制、机制和新技术运用层面分析预判。诸如有学者提出实行"微治理"来有效预防基层社会矛盾④，对风险灾害危机管理与研究中的大数据进行分析⑤，增强全面驾驭风险的本领是新时代提升国家治理能力的新要求。但是相对于目前业已建立的庞大的应急管理体系，社会预警体系的建设研究稍少一些，代表性研究有丁烈云等基于突变理论分析社会风险预警与公共危机的防控⑥，曾永泉进行了转型期中国社会风险预警指标体系研究⑦。阎耀军提出研发社会风险模拟器的设想，指出现阶段社会预警主要面临评估工具不科学、评估组织体制不健全、评估集成化创新不够三个瓶颈。⑧ 阎耀军还提出用社会稳定风险仿真模拟方法实施前馈控制

① 宋林飞. 中国社会风险预警系统的设计与运行 [J]. 东南大学学报（社会科学版），1999（01）：69-76.

② 张海波，童星. 从社会风险到公共危机——公共危机管理研究的新路径 [C] //中山大学行政管理研究中心. 21 世纪的公共管理：机遇与挑战——第二届国际学术研讨会文集. 上海：上海人民出版社，2009：745-759.

③ 朱力，邵燕. 社会预防：一种化解社会矛盾的理论探索 [J]. 社会科学研究，2016（02）：104-110.

④ 章荣君. "微治理"公共规则的创生路径——基于江苏太仓农村公约治理的案例分析 [J]. 领导科学论坛，2017（13）：77-86.

⑤ 童星，丁翔. 风险灾害危机管理与研究中的大数据分析 [J]. 学海，2018（02）：28-35.

⑥ 丁烈云，何家伟，陆汉文. 社会风险预警与公共危机防控：基于突变理论的分析 [J]. 人文杂志，2009（06）：161-168.

⑦ 曾永泉. 转型期中国社会风险预警指标体系研究 [D]. 武汉：华中师范大学，2011.

⑧ 阎耀军. 社会预警体系建设的困境及其摆脱 [J]. 重庆社会科学，2012（07）：9-13.

的初步构想。① 张海波提出大数据的兴起、信访的泛化等提供了新的路径。②
童星探索了"过程—结构分析"模型，以适应发现应急管理规律性、实现应
急预案电子化数字化、推动应急指挥系统统一化之需要。③

（5）相关研究文献的定量分析

课题组以如下检索条件：｜〔〔主题＝环境群体性事件 或者 题名＝环境群
体性事件 或者 v_ subject＝中英文扩展（环境群体性事件，中英文对照）〕或
者〔主题＝环境抗争 或者 题名＝环境抗争 或者 v_ subject＝中英文扩展（环境
抗争，中英文对照）〕〕或者〔主题＝环境运动 或者 题名＝环境运动 或者
v_ subject＝中英文扩展（环境运动，中英文对照）〕｜（模糊匹配），在中国
知网中跨库检索获得文献总数 5826 篇，经过查重，删除重复以及与主题无关
的少量文献后，保留下 5713 篇文献作为中文研究文献的分析总体。

从近年来的发表趋势（具体见图 1-1）来看，环境群体性事件相关研究
起步于 21 世纪，在 2014 年前后成为热点，目前处于消退期。2000 年之前的
研究较少，2000 年后开始增加，而在 2005 年开始每年增加，特别是在 2008
年之后急剧增加，2014 年的研究热度达到顶峰。随着国家环境治理的加强，
以前环境群体性事件处理经验的积累，之后的环境群体性事件发生案例也开
始减少，研究的热度开始消减。

由关键词共现图图 1-2 来看，"群体性事件"出现的频率最高，其余与
"群体性事件"共现频率较高的词汇为"人民内部矛盾""对策""处置"
"公安机关""社会转型""网络群体性事件""网络舆情""环境群体性事
件""治理"。其中与社会矛盾纠纷主题有关的是"人民内部矛盾""和谐社
会""社会稳定"；与社会治理主题有关的是"社会转型""环境群体性事件"
以及"治理"；与网络舆情有关的是"网络群体性事件""网络舆情"；与预
防措施相关的是"公安机关""处置"。

---

① 阎耀军. 我国社会预警体系建设的纠结及其破解［J］. 国家行政学院学报，2012（04）：
89-93.
② 张海波. 信访大数据与社会风险预警［J］. 学海，2017（06）：101-108.
③ 童星. 应急管理案例研究中的"过程-结构分析"［J］. 学海，2017（03）：63-68.

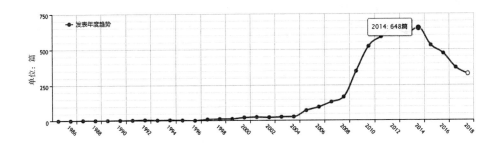

图 1-1 总体趋势分析图

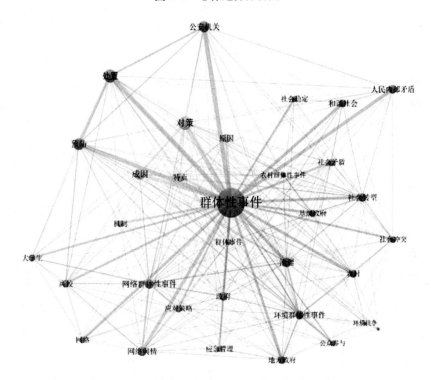

图 1-2 中国环境群体性事件文献关键词共现图

（6）研究述评

已有研究为本研究提供了重要的借鉴基础，但总体上还存在不足：

第一，研究内容上，群体性事件研究居多，或者是以环境群体性事件为案例来分析群体性事件的特点或规律事件，以群体性事件为落脚点，而未落在环境维权上，对环境群体性事件的"中国经验"重视不足，环境社会学研究的理论自觉意识①还不足够。同时，既往研究考察了环境变量，较重视环境群体性事件与其社会、经济和政治的关联性，但对环境变量的社会化建构②却没有给予足够的重视，特别是有关网络空间上的间接环境维权话语分析较缺乏。

第二，研究方法上，基本采用案例分析法或多案例分析法，缺乏严格的参照案例分析法，即缺乏历史的纵向比较及参照类型的横向比较，未能将历史案例与当今案例、非环保案例与环保案例进行对比分析，使得研究结论可靠性存疑，更缺乏定量研究来对环境群体性事件进行趋势预警研究。本研究将在借鉴过往研究的基础上对其不足与遗漏的地方进行补足与完善，以期根据我国环境群体性特征建立趋势预警系统，推动社会学对中国环境运动发展的本土化研究进程。

三、创新特色

本研究希望在研究内容及方法上的创新特色和主要建树体现在三点上。一是基于社会变迁话语框架梳理中国环境治理流变，以社会变迁的研究视角梳理中国环境治理流变，揭示为了构建绿色空间的环境治理的阶段特征，为环境群体性事件的研究提供社会政策宏观背景。二是通过实证研究了解当前民众的环境意识和维权行为的行为决策；通过对国内近 20 年的环境群体性事件编码建立数据库，分析环境群体性事件的特征及规律，同时，实地调查长沙宁乡垃圾反焚邻避群体性事件（以下称"宁乡反焚事件"），以此为个案挖掘环境群体性事件的中国经验。三是基于环境议题的媒介建构与框架理论，以雾霾话题为例对环境话题网络性群体事件及其治理进行分析，以展现中国

---

① 洪大用. 理论自觉与中国环境社会学的发展 [J]. 吉林大学社会科学学报，2010，50（03）：109-116，159.

② 吕涛. 环境社会学发展视角分析：生态、经济与社会 [J]. 社会观察，2004（10）：56-57.

环境群体性事件发展趋势，为建立预警指标体系提供中国经验。从总体上看，本研究从中国环境治理的流变、线下以及线上的环境群体性事件的定量化分析来讨论绿色空间的建构力量。

第二章

研究设计

  本研究回答的核心问题为：中国环境群体性事件发生、发展及结束具有什么样的中国式特点？发展趋势如何？针对以上提出的问题，本研究通过文献研究、案例分析和问卷调查，深入对比分析当代各类型环境群体性事件及其影响因素，提炼中国经验，分析中国环境群体性事件发展趋势，建立预警体系，注重建构主义、理论研究与实证研究三者的内在统一性①，提升环境群体性事件的环境社会学或集体行为研究的理论价值，促进经济与环境协同发展。

一、研究内容

  梳理环境群体性事件与风险预警系统的理论基础、实践经验与历史演变是本研究的前提，掌握环境群体性事件的发展趋势与中国经验，是构建预警系统的现实基础和主体内容，分析各主体在面临环境群体性事件时心态及行为决策模式是建立预警体系的必备条件和应用基础。因此本研究的总体思路是：

  首先，在文献综述基础上，通过文献研究了解国际经验和国内先行地区的示范经验，充分消化和吸收国内外现有研究成果和实践经验，并梳理中国

---

  ① 林兵. 中国环境社会学的理论建设——借鉴与反思 [J]. 江海学刊，2008 (02)：119-124.

环境政策的演变，把握中国环境群体性事件的基本背景与发展脉络。

其次，通过问卷调查和案例量化研究了解当前民众的环境意识和维权行为决策、环境群体性事件的特征及规律，通过对环境事件的案例编码进行量化分析，挖掘环境群体性事件的中国经验。

再次，对中国近期的环境群体性事件进行案例分析，深描挖掘，总结其特征与规律。通过非环境类与环境群体性事件的参照分析，以"过程-事件"分析提炼环境群体性事件的特点及利益相关者的态度。对环境性话题网络群体事件进行分析，基于环境议题的媒介建构与框架理论，对雾霾话题及其治理进行分析，以展现中国环境群体性事件发展趋势，为建立预警指标体系提供中国经验。

最后，讨论环境群体性事件中的中国经验，展开预警研究。基于环境群体性事件的中国经验进行趋势预警分析，建立环境群体性事件的语境指标体系，并提出预防环境群体性事件的对策建议，展望"互联网+"绿色环境空间的发展。

二、研究方法

本研究采用的主要方法包括三种。

（一）文献研究

一是相关研究文献的综述分析，侧重于分析研究现状，概括环境内外环境群体性事件的治理经验，基于社会变迁背景梳理重构了中国绿色空间治理政策的演变历程。二是数据文献的二次分析，课题组通过对收集的2000—2015年的1808条国内环境污染事件案例并且进行编码建立数据库。目的主要是基于收集的案例并编码转化为量化数据来总结事件的普遍性特征。

（二）问卷调查与统计分析

对湖南长沙市进行了市民的环境意识和环境行为决策的问卷调查。课题组以湖南省长沙市为例，2016年对长沙市民开展了环境意识与环境行为主题的问卷调查。调查团队主要为中南大学的本科生，在笔者的组织指导下，由笔者所指导的研究生担任调查督导，分赴长沙市的岳麓区、开福区、天心区和芙蓉区，各组在地图上初步分片进入居住社区进行入户调查，部分学生也在工作区域调查在办公场所上班的调查对象。在调查对象的选取上，主要还是依据接触到的调查对象的配合度，要求每个调查小组适当控制调查对象的年龄段、性别比。共发放约 1200 份问卷，最终形成了一份有效样本量为 949 的数据。调查内容包括个人基本情况、环境意识、环境行为以及环境维权决策等数据信息，问卷具体内容可参见附录一，统计分析了市民环境意识与环境行为状况及其影响因素，探究了市民环境行动方案的决策情形。抽样方法虽然不是随机的方法，但由于研究目的并不是单变量的描述状况，而是基于一定的数据来呈现市民的环境意识与行为决策上的特征规律，基本能达到研究目的。

（三）案例分析

主要借助访谈法及观察法，获取公众对环境群体行为的参与意识与看法，挖掘环境群体性事件的中国经验。（1）实地调查长沙宁乡反焚事件的资料。2016 年 3 月 3 日中联重科发布公告称在宁乡仁和垃圾填埋场原址上新建起一座世界一流水平的大型垃圾发电站，并吸纳长沙、益阳等周边城区垃圾发电。之后，长沙市宁乡县（现为宁乡市）官方发布消息称将在距离县城 3.5 千米处的银花桥建设一个日处理量高达 700 吨的垃圾焚烧发电厂。消息一出，就引起了宁乡民众的巨大反应。6 月 27 日，事件进一步发酵，宁乡县大量村民聚集在县政府广场，要求县政府立即停止这一工程。这无疑是宁乡近年来发生的最大规模的群体性事件。课题组基于该个案进行事件的深描分析。（2）环境性话题网络群体性事件雾霾舆情事件的分析。在雾霾天气助燃下，雾霾舆情形成了一种独特的公共性网络群体性环境事件。本研究基于网络数据的分析梳理了此事件的演变并开展了相关研究。

三、思路框架

本研究首先综述国内外的相关研究，阐述研究意义，从文献研究、问卷调查以及案例研究角度开展具体研究，梳理中国环境治理的政策演变，实证分析民众的环境意识及其维权行为决策，对近期的环境群体性事件进行案例深描挖掘，总结其特征，探讨环境群体性事件中的中国经验，并开展预警研究，最后进行总结讨论，提出预防环境群体性事件的对策和建议。具体章节安排如下：

第一章为绪论。阐述课题的研究背景，提出研究的问题，按照"理论—定量—定性"三大块对相关理论、观点和文献进行梳理并简要评述，介绍研究意义及创新之处。

第二章为研究设计。在第一章的基础上阐明课题的主要内容和研究方法。

第三章梳理中国绿色空间治理的政策演变，侧重于环境危机与民众反应的流变性研究，为本研究提供历史参照基础。

第四章对民众的环境意识及其维权行为决策进行实证分析。简要介绍环境社会学对环境意识与行为决策的研究，详细梳理雾霾治理的过程与其特点，在此基础上依据相关调查数据进行统计分析，以展现中国环境群体性事件产生的背景。

第五章对中国近期的环境群体性事件进行内容分析。深入挖掘，总结其特征与规律，以展现环境群体性事件的当下逻辑经验。通过非环境类与环境群体性事件的参照分析，以"过程-事件"分析提炼环境群体性事件的特点及利益相关者的态度。

第六章基于两个群体性环境事件进行案例分析。案例一具体地结合政治机会结构理论进行深入分析，探索环境困境促使环境抗争发生的实践逻辑；案例二即通过宁乡反焚事件讨论分析环境群体性邻避机制。希望通过两个案例深描分析政治机会结构中的环境抗争事件以及环境邻避事件，了解整个环境抗争事件过程，包括事件的发生、抗争者与抗争对象之间的典型互动等。

第七章对环境性话题网络群体事件进行分析。基于环境议题的媒介建构与框架理论，对雾霾话题及其治理进行分析，以展现中国环境群体性事件发展趋势，为建立预警指标体系提供中国经验。

第八章探讨绿色空间建设中的中国环境经验，展开预警研究，展望"互联网+"发展趋势。对基于绿色空间建设的中国环境经验进行趋势预警分析，并提出预防环境群体性事件的对策建议。

　　第九章为基本结论与讨论。通过对各分项子研究结论进行综述，讨论了绿色空间与中国环境维权的关系。

第三章

政策分析：中国绿色空间治理政策流变①

　　此部分研究基于社会变迁话语框架梳理中国绿色空间治理流变，即以社会变迁的研究视角梳理中国环境治理流变，揭示环境治理的阶段特征，为接下来的案例研究提供政策分析框架，以期在最后形成环境治理预警的中国经验。本部分所指环境问题主要是由人类生产与生活活动所引起的环境污染和生态破坏等问题。② 而环境治理是指通过正式或非正式的机制，以保护自然资源、控制环境污染及解决环境纠纷为内容的管理过程。③ 中国环境问题由来已久，在今天日益成为一个难解决的问题。为何中国环境治理常治常新且越发严重？中国环境治理发展历程如何？我们有必要对历史进行回顾与总结，形成对历史经验的认识能够有效地指导未来的发展实践。

一、中国环境治理历程研究述评

　　在已有对中国环境治理历程的研究中，研究者对发展历程进行了阶段划分来把握中国环境治理过程。关于历程阶段的划分，张煜青和孔繁德④根据国

　① 本部分内容见董海军，郭岩升. 中国社会变迁背景下的环境治理流变 [J]. 学习与探索，2017（07）：27-33.

　② 李定龙，常杰云. 环境保护概论 [M]. 北京：中国石化出版社，2006：6.

　③ 任洪涛. 论我国环境治理的公共性及其制度实现 [J]. 理论与改革，2016（02）：94-97.

　④ 张昱青，孔繁德. 试论中国环境保护的历程和发展趋势 [J]. 中国环境管理干部学院学报，2002（02）：1-3.

家环境治理工作的内容，将中国环境治理历程划分为四个阶段：治理"三废"；依法治理环境（70年代末）；城市综合整治（80年代）；走可持续发展道路（90年代以来）。俞海滨[1]依据国家环境治理战略的转变，将改革开放以来的中国环境治理事业分为三个阶段："污染控制，综合利用"（1978—1992年）；"控制转型，协调发展"（1992—2002年）；"资源节约、环境友好"（2002年至今）。王蔚[2]梳理中国环境治理理念经历了可持续发展、科学发展观、两型社会、生态文明的发展；环境政策经历了命令控制型、经济刺激型、社会型的转变。周生贤[3]将中国环境治理事业划分为四个阶段：环境治理工作起步（20世纪70年代初至1978年）；环境治理工作渐入正规（1978—1992年）；实施可持续发展国家战略（1992—2002年）；落实科学发展观、建设两型社会（2002—2012年）；生态文明建设（党的十八大至今）。韩冬梅（Dongmei Han）和金书秦（Shuqin Jin）[4] 对农村环境治理历程进行专门研究，并将其划分为四个阶段：环境问题初现与相对分散的环境政策（1973—1979年）；乡镇企业发展使环境问题恶化，环境政策体系初步建立（1980—1989年）；多层次环境问题涌现引发环境政策倍增关注（1990—1999年）；面源污染加速环境恶化，农业发生绿色转型（2000年至今）。

既有研究为我们提供了重要借鉴基础，但也略显不足。第一，多数研究者视20世纪70年代初为中国环境治理事业的开端，聚焦于70年代以来的发展，对新中国成立伊始环境问题及其治理的梳理分析不足。第二，已有研究紧绕国家工作实践，在国家理念视角下形成线条式分析总结，分析过程缺少社会视角的融入。事实上，环境问题及其治理是一个动态连续的发展体系，

---

① 俞海滨. 改革开放以来我国环境治理历程与展望 [J]. 毛泽东邓小平理论研究，2010 (12)：25-28, 81.

② 王蔚. 改革开放以来中国环境治理的理念、体制和政策 [J]. 当代世界与社会主义，2011 (04)：178-180.

③ 周生贤. 我国环境保护的发展历程与成效 [J]. 环境保护，2013, 41 (14)：10-13.

④ DONG M H, SHU Q J. 40 Years' Rural Environmental Protection in China: Problem Evolution, Policy Response and Institutional Change [J]. Journal of Agricultural Extension & Rural Development, 2016, 8 (1)：1-11.

我们应对其形成整体性认识，即将其作为社会发展变迁的一部分加以认识。一方面，社会变迁是在持续作用于客观自然环境基础之上的向前发展，环境问题作为社会变迁的伴生物具有社会属性，在不同的社会发展阶段呈现不同特征；另一方面，不能脱离自然环境发展的根本属性决定人们必须致力于环境治理，而环境治理作为国家治理的一部分，是时空限制下的社会性构建，是包括经济、政治与社会等多种因素共同作用的结果。因此，对该问题的分析应置于社会整体动态发展的框架之中。本部分将以此为出发点，分析作为社会变迁过程中的环境治理。

二、作为社会变迁背景下环境治理历程重构

环境问题贯穿于人类社会发展，是历史性的普遍存在。[1] "无论是封建帝国还是毛泽东时代都不能避免环境退化，人类受到压制至少与人类对自然的暴力行为是并行不悖的。"[2] 在童星、文军[3]划分的人类社会发展三次时代变迁框架中，早期原始社会与农业社会受生产力水平限制，人们的生存与发展严重依赖于自然环境，对其虽有影响，但所产生的环境问题较为单一稳定，且是局部性、区域性的，多在环境承载与恢复能力限度之内。环境问题日益成为严重的社会问题，是在向工业社会发展变迁的问题。一方面，工业化生产方式带来大气污染、水污染、固体废弃物污染等环境污染与资源枯竭问题。另一方面，工业化进程引起社会变革，社会问题爆发，环境问题与之交织发展，日益复杂。因此，本研究的焦点集中在中国工业化进程之中的环境问题及其治理上。

中国真正赢得和平的工业化建设环境是在新中国成立之后。本研究通过对新中国成立以来中国主要环境政策、治理措施及环境事件的梳理（具体见

---

① 林兵. 中国环境问题的理论关照——一种环境社会学的研究视角 [J]. 吉林大学社会科学学报, 2010, 50 (03): 117-122.

② MOL A P J, CARTER N T. China's Environmental Governance in Transition [J]. Environmental Politics, 2006, 15 (02): 149-170.

③ 童星, 文军. 三次社会转型及其中国的启示 [J]. 开放时代, 2000 (08): 12-15.

表 3-1），归纳中国环境治理大致经历了以下五个发展阶段：新中国成立初期的运动式治理、运动发展时期的治理倒退、世界影响下的应激开拓式治理、体制结构制约下的背离式治理与公众参与下的倒逼式治理。

（一）新中国成立初期的运动式治理阶段

20 世纪 50 年代，新中国成立初期，为快速恢复国家实力，优先发展重工业，一批大型工业企业建立，同时国家制定了《工业企业设计暂行卫生标准》《中华人民共和国水土保持暂行纲要》等规范纲领，包含了一些环境保护的要求。此阶段，国家发动了三次环境治理的群众运动，包括 1952 年"爱国卫生运动"，清垃圾，通渠道，改水井、厕所，灭蚊、蝇、鼠、蚤，城乡环境卫生得到改善；1956 年以"除四害"为中心的爱国卫生运动与"绿色祖国、植树造林"群众运动，全国造林面积一时快速增长，仅 1956 年就比 1955 年多造林 6000 多万亩，对改善中国农业生产条件、防治风沙、局部气候调节发挥了有利作用。①

此阶段，中国工业化初始，工业污染等环境污染问题并不凸显，环境治理还停留在传统理念阶段，主要表现为讲究环境卫生，改善自然生态的治理行为。环境治理表现出运动式特征，反映了新中国成立初期中国国家治理的重要特点，即新建立的国家政权为迅速恢复国家实力以巩固其合法性与有效性，而不断超越常态、冲破制度桎梏，进行激烈社会改造所形成的国家运动式治理。② 此阶段计划经济体制下国家政权对经济社会发展的全面渗透，能够集中调动全社会资源的特征为实现运动式治理提供经济制度基础。中国长期的封建政治化过程及此时高度集中的政治体制对社会全面严格的控制，使得民众形成对国家的全面依赖，其倾向于政治动员的宣传，主体意识与反思精神等极为薄弱，行为易被感染从而趋从一致的特征为国家运动式治理提供了社会基础。环境治理作为国家治理的内容之一呈现了这样的典型特征。

---

① 龙金晶. 中国现代环境保护运动的先声——20 世纪 50 年代"绿化祖国，植树造林"运动历史考察 [D]. 北京：北京大学，2007.

② 冯仕政. 中国国家运动的形成与变异：基于政体的整体性解释 [J]. 开放时代，2011（01）：73-97.

表 3-1　中国环境治理代表性政策、治理措施及环境事件梳理

历史阶段	社会发展背景	代表性环境政策	主要治理措施	主要环境事件
20 世纪 50 年代	计划经济体制 高度集权政治体制 "一五"计划实施	1956 年《工业企业设计暂行卫生标准》政府确立了"综合利用工业废物"的方针 1957《中华人民共和国水土保持暂行纲要》	发动粉碎敌人细菌战、以"除四害"为中心的爱国卫生运动 发动"绿色祖国植树造林"群众运动	无
20 世纪 50 年代末至 70 年代初	"大跃进"运动 "文化大革命"运动	1963 年《森林保护条例》 1965 年《矿产资源保护条例》	掀起全国"三废"综合利用热潮 对盲目建立的工厂施行关、停、并、转措施	1972 年大连湾污染、官厅水库污染事件
20 世纪 70 年代初至 80 年代末	国家工作重点转移到社会主义现代化建设 国民经济"新八字方针"	1973 年《关于保护和改善环境的若干规定》提出"三十二字"方针、三项制度 1978 年《中华人民共和国宪法》做出环境保护规定 1979 年《中华人民共和国环境保护法》 1983 年提出"三建设、三同步、三统一""三大政策""新五项制度"	开展污染源调查和治理 工业"三废"综合利用 建设"三北"防护林体系 开展征收排污收费试点工作 建设八片水土保持重点治理区工程	1972 年斯德哥尔摩人类环境会议 1973 年第一次全国环境保护会议 1974 年国务院环境保护领导小组成立 1983 年第二次全国环境保护会议，确立环境保护基本国策地位

历史阶段	社会发展背景	代表性环境政策	主要治理措施	主要环境事件
20世纪90年代初至21世纪初	社会主义市场经济体制改革 可持续发展国家战略 新型工业化道路 科学发展观 大力发展循环经济	1992年提出环境与发展"十大对策" 环境保护年度计划指标首次纳入国民经济和社会发展计划 1994年《中国21世纪议程——中国21世纪人口、环境与发展白皮书》 1998年《全国生态环境建设规划》 2003年《中华人民共和国环境影响评价法》《中华人民共和国清洁生产促进法》实施	开展企业清洁生产试点 九五期间确定环境治理的"33211"工程 探索循环经济发展试点、创建国家环境友好企业活动 整治违法排污企业、保障公民健康环保专项行动 "绿色 GDP1.0"研究工作	1992年联合国环境与发展会议、淮河特大水污染事故 1996年"洋垃圾"进京事件 2002年贵州都匀矿渣污染事件 2004年四川沱江特大水污染事故 2005年松花江流域重大水污染事件
21世纪初至今	建设"两型"社会 生态文明建设 建设包括生态文明"五位一体"战略格局 "创新、协调、绿色、开放、共享"新发展理念	2006年《环境影响评价公众参与暂行办法》 《环境信访办法》 2007年《环境信息公开办法（试行）》 2011年《关于培育引导环保社会组织有序发展的指导意见》 环境公益诉讼制度： 2012年《关于修改〈中华人民共和国民事诉讼法〉的决定》第二次修正，后继续多次修订 2015年最严《中华人民共和国环境保护法》	首次大规模对外公布违法建设项目 贵阳成立全国首个环保法庭 首披113个城市污染源信息公开状况 全国范围组织公众对环境状况满意度调查 最高人民法院成立专门资源环境保护审判庭 省级以下环保机构检测监察执法实行垂直管理	2005年浙江东阳恶性环境群体性事件 2007年厦门反PX项目事件 2009年陕西凤翔恶性环境群体性事件、北京六里屯环境群体性事件、首例环保社团提起公益行政复议案件 2012年联合国可持续发展大会 2015年广东茂名PX事件

资料来源：本研究着重整理有关城市环境治理及部分生态保护的重大政策、措施及事件。主要参考资料有《中国环境状况公报》（1989—2014）、《中国可持续发展报告（2012）》《中国环境年鉴1990》《中国的环境保护（1996—2005）》。

（二）运动发展时期的治理倒退阶段

新中国成立初期形成的国家运动式治理，其作为一种非常态治理手段，既可以实现短时间内的治理高效，也可能变成对社会发展资源的集中性、规模性破坏。1958年发动赶超现代化运动——"大跃进"。工业领域，"以钢为纲"，全民大炼钢铁，设备简陋、工艺水平低下的小炉窑、小电站"遍地开花"。工业企业猛增，由1957年的17万个增至1959年的31万多个，技术、管理、工业"三废"排放，导致环境污染骤然加剧。农业领域，在"以粮为纲""向自然界开战"口号下，毁林、弃牧、搞人造平原等破坏自然环境的现象迅速扩大。① 虽在运动之后，国家有所反思，制定了《森林保护条例》《矿产资源保护条例》等以恢复生态环境，对盲目建立的工厂施行关、停、并、转等措施，但因后来的"文革"运动，使以往制定的相关环境保护条例被破坏殆尽，尤其集中于1966年至1972年，环境污染和生态破坏无遏制地迅速蔓延开来。大办工业，特别是"五小"工业，在"变消费城市为生产城市"口号下，大批重污染工业在城市中建立，农业生态环境持续恶化。据统计，"文革"期间，全国工业污水日排放量达到了3000多万吨，土地荒漠化面积达9万平方千米，环境恶化速度空前加快。②

赶超现代化的狂热追求导致对环境保护与治理的严重忽视，治理工作出现停滞甚至是倒退。新中国成立初期建立的"革命教化政体"所具有的组织

---

① 《中国环境年鉴》编辑委员会. 中国环境年鉴1990［M］. 北京：中国环境科学出版社，1990：2-3.

② 陶格斯. 中国环境问题的历史变化［J］. 环境科学与管理，2009，34（08）：188-192.

和合法性基础使其能够根据建设需要变换国家运动形态。① 为推进赶超现代化战略，其在经济生产领域发动了"大跃进"运动，在政治文化领域发动了"文革"运动。但运动偏离了赶超现代化初始目标，在环境领域造成对生态环境集中性、规模性破坏。同时，此阶段的意识形态优越感，认为公害是资本主义剥削、追求高利润的产物，而社会主义国家具有制度优越性不会产生环境污染，也使环境问题的客观性与严重性被湮没，治理工作停滞，甚至在"文革"期间出现倒退。

（三）世界影响下的应激开拓式治理阶段

这一阶段时间大体上处于 20 世纪 70 年代至 80 年代末。日渐凸显的环境问题、官厅水库等重大环境污染事件与国家外交战略等因素共同推动中国1972 年参与斯德哥尔摩人类环境会议。在世界强烈冲击的影响下，中国逐步开拓环境治理新局面。1973 年，首次全国环境保护会议的召开掀开了中国环境治理新篇章。国家层面环境话语首先开始转向，不再片面地认为社会主义无污染、无公害，开始认识到经济发展与环境保护对立统一的矛盾关系，并开展了污染源调查和治理，工业"三废"综合利用，城市消烟除尘等实践工作。改革开放也使环境治理工作迎来蓬勃发展时期，重大的治理措施主要有：《中华人民共和国环境保护法》出台，明确了中国环境保护的任务、方针、政策和机构设置等，使环境保护从一般号召劝说发展到靠法律规章制度管理；确立了环境治理的基本工作范畴，包括治理规划、工作协调、影响评价、技术改造、强化管理、科学研究、教育与宣传等；确立了环境保护的基本国策地位；开展了全国范围内的污染防治工作与生态工程建设等。

---

① 冯仕政（2011）在对中国国家运动的研究中指出，新中国成立时的政体继承了中国革命遗产，对社会改造抱有强烈使命感，具有革命性；同时，民众因衷心佩服国家超凡的德才禀赋而自愿服从国家权力，形成与国家的领导与被领导关系，国家对民众进行教育和改造，因此，该政体又具有教化性。"革命教化政体"适应了推进赶超现代化的需要，能够较好地解决新中国进行激烈社会改造所面临的革命性、合法性和有效性问题。国家能够根据社会改造需要而不断变换国家运动的基本取向、变革目标或动员范围。

斯德哥尔摩人类环境会议像一次环境启蒙，推动闭塞的中国人走向世界。① 从确立"环境保护"的概念到了解西方国家经济发展公害到深切感受世界各国对环境治理的重视程度，中国猛然间认识到环境问题的严峻性，治理任务的艰巨性与迫切性。在受世界深刻的影响下，中国掀开了具有开拓性意义的环境治理新篇章，国家针对工业污染治理从无到有，形成了影响深远的以政府为主导自上而下的环境治理基本格局。环境治理的基本方针、政策与制度大多也在这一时期确立，具体工作实践也已从单一源头治理发展到城市综合防治；从城市污染治理扩展到农业生态环境的保护；从技术工程的研究发展到基础理论的探索；从自然科学研究拓宽至社会科学研究。

（四）体制结构制约下的背离式治理阶段

这一阶段大体上处于 20 世纪 90 年代至 21 世纪初。受世界环境反思的影响，继 1992 年联合国环境与发展会议后，中国提出环境与发展的"十大对策"，并逐步确立"可持续发展"的国家战略。"可持续发展"理念调和了经济发展与环境保护间的尖锐矛盾，要求将环境保护与资源节约贯穿到生产与经济活动的全过程，实现发展与保护间的协调成为国家环境治理的重点。这一时期，中国环境治理的发展主要表现在：环境理念进一步发展，确立科学发展观；环境治理与生产实践进一步结合，如环境保护年度计划指标进入国民经济和社会发展计划；工业产业结构调整；工业企业推行"清洁生产"；积极发展环保产业。环境治理与经济发展话语进一步融合，如提出发展循环经济、走新型工业化道路；启动绿色 GDP 研究工作、建设循环经济生态城市试点等。

然而，发展与保护并没能在实践中实现本质上的协调。首先，在此阶段，贫困依然是中国发展面临的最大问题，实现经济快速增长仍是国家建设主要任务，因此中国本质上实行的依旧是重经济发展的战略。其次，在国家治理

---

① 蔡守秋. 从斯德哥尔摩到北京：四十年环境法历程回顾 ［C］ // 全国环境资源法学研究会. 成都：可持续发展·环境保护·防灾减灾——2012 年全国环境资源法学研究会（年会），2012.

体制方面，改革开放为适应市场化改革，通过政治体制行政性分权，形成了以中央权威为核心、地方政府逐级任务分包为运行机制的权威型国家治理体制。① 行政性分权导致地方政府利益体的形成，利益偏差往往促使地方政府形成在政策执行中的"双重身份"。灵活变通的运行机制则为地方出台符合其利益偏好、"因地制宜"的政策提供制度便利。最后，环境治理机构本身，"中国生态环境部门存在两个挥之不去的问题：缺乏权威与部门间的协调合作"②。多头治理、各部门各自为政，易受行政干预等政府机制弊病嵌入环境治理中，造成环境治理的低效甚至无效。

此外，缺乏外部监督与社会基础同样制约着环境的有效治理。公众环境认知严重不足。改革开放使民众成为追逐经济社会利益的自由个体，在以"经济建设为中心"的国家话语与发展格局导向下及市场经济和消费主义诱惑下，民众对日益恶化的环境并没有足够重视，忽视环境治理甚至破坏环境的行为时有发生。

（五）公众参与下的倒逼式治理阶段

最近的阶段是从 21 世纪初以来，公众环境认知不断深化，从环境关心到环境行动，一个突出表现是围绕环境问题的群体性事件迅速增长，增长速度竟达每年两位数以上，且事件呈暴力化、对抗性强的特征。③ 环境群体性事件通常表现为规模民众通过集体上访、阻塞交通、围堵企事业单位等方式，向企业和政府施压，以表达自己的环境诉求并维护合法权益。环境群体性事件高速增长的态势一定程度上反映了公众社会行动力增强，其共同作用形成的社会力量已形成自下而上地对国家改善环境治理的倒逼。

面对来自社会力量的治理挑战，国家开始注重整合社会力量进行环境治理，主要表现有：加强信息公开，如颁布《环境信息公开办法》，公布违法建

---

① 杜辉. 环境治理的制度逻辑与模式转变 [D]. 重庆：重庆大学，2012.
② JAHIEL A R. The Organization of Environmental Protection in China [J]. China Quarterly, 1998, 156：757-787.
③ 张萍，杨祖婵. 近十年来我国环境群体性事件的特征简析 [J]. 中国地质大学学报（社会科学版），2015, 15（02）：53-61.

设项目及其惩处情况、污染源监管状况，开展企业环境信息公开工作；畅通公众参与渠道，如颁布《环境影响评价公众参与暂行办法》《环境信访办法》，成立环保法庭，建立环境公益诉讼制度，引导民间环保组织有序发展；了解民众需求，开展普通民众对环境状况满意度的社会调查等。

社会力量正试图改变其在环境治理中长期薄弱且缺位的旧貌。一方面，公众环境认知深化。由于国家环境话语的不断转向，从可持续发展到科学发展观到生态文明，环境教育及宣传的大力发展促使公众环境意识提高。同时，高质量成为物质丰富之后人们对生活的进一步追求，而不断恶化的生活环境已对人们生命健康构成极大的威胁，从而人们产生了强烈的环境诉求。另一方面，公众社会行动力增强。随着市场经济深入发展与政治民主开放程度进一步加深，个体自主性彰显，权利意识提高，在利益关涉的公共空间，公众开始积极发声、表达诉求与采取行动。然而值得注意的是，社会力量的行动空间仍然有限，加之尚没有形成良好的组织机制，社会行动极易超出理性行动的范围，表现为行动暴力化、对抗性强的特征，构成对社会稳定的威胁。

三、历程重构的绿色空间意义

诱发问题形成的社会机制及问题造成的社会影响是社会学就环境问题研究的主要范畴。[1] 以往对环境治理历程的研究仅以国家政策方针与战略理念等作为基本分析线索，形成线条式总结，而本部分基于社会变迁发展背景，"运动式、应激开拓式、背离式以及倒逼式治理"等环境治理流变的梳理基本上立体、动态地反映了绿色空间治理的阶段特征与变迁逻辑，呈现出与以往划分不同的特点。

第一，体现了时间序列的连贯性。不同于以往有关我国环境治理历程的研究，本研究将20世纪70年代前的环境治理纳入分析范围，以新中国成立为研究的时间起点，没有割裂时空看环境治理，更具整体性地还原了我国绿

---

① 林兵. 中国环境问题的理论关照——一种环境社会学的研究视角 [J]. 吉林大学社会科学学报，2010，50（03）：117-122.

色空间治理事业的流变发展。这样的流变梳理对把握我国环境治理事业发展历程提供新的认知角度，并能更加深刻地认识到环境治理各阶段存在的承继促进性特征，同时增加了环境治理新的"中国经验"内容。

第二，基于国家—社会整体观，非国家单一视角。以往研究中对环境治理阶段的划分都是以国家环境治理政策作为主要划分依据，是政策文本的单一线条式梳理。本研究在形成环境治理各阶段特征时，融合了绿色时空限制下国家制度、治理体制、社会结构、社会意识、国际环境等多维背景的分析。在治理流变的梳理过程中我们从根本上认识到环境治理并不是表面化地体现为一些国家治理政策，而治理政策是绿色时空限制下环境问题与治理需求的社会性建构，同时政策的有效性需要在社会发展中才能得到检验。因此，环境政策的出台不能是头痛医头脚痛医脚，而应融合社会发展的整体性环境考量来制定。

第三，形成了有效的环境治理历史经验总结。以往研究中根据国家政策对环境治理进行的简单的时段划分，未能体现出环境治理过程中的困境及真正的治理需求等我国环境治理的历史发展规律，因此也未能形成真正有效的历史经验总结。本研究弥补了这样的研究不足，基于社会变迁并结合环境治理特征来概括梳理流变，既非简单的时段划分，也不是仅仅依据国家的理念型治理划分，而是融合了社会发展多维背景的分析。我们根据已有经验的总结，并融合社会变迁发展，能够克服以往环境治理各阶段中的困境与不足，主动预见下一阶段的治理趋势，更好地实现有效环境治理。

第四，具有较强的解释力。若依据国家治理理念类型来划分阶段，那么在国家理念上均是主张环境治理的，在我们把握中国环境治理流变阶段特征时，可以看到各治理要素如治理主体、理念与体制机制等动态发展的有效统筹规划与组织还需进一步加强。

总体上，基于社会变迁发展背景，我们试图勾勒的立体、动态、连续的绿色空间治理流变框架，特别是在多元参与协同治理的发展趋势下，需要凸显环境问题及其治理的社会属性与社会性建构过程。不同于西方发达国家渐进工业化进程，中国时空压缩下的工业化发展引起社会剧烈变革，环境治理深刻体现中国经济、政治与社会的变革发展，一定时期内所形成的国家制度与治理体制既是环境治理的现实基础，也构成环境治理的制约条件。新中国成立初期"革命教化政体"下形成国家运动式治理，实现了新中国成立初期环境卫生面貌短时期内迅速改善，却在赶超现代化运动下异化造成对生态环境的集中规模性破坏；逐步开放的国家建设，为环境治理开拓新局面。改革开放促进环境治理事业蓬勃发展，然而国家制度体制改革的一些方面如权威型国家治理体制、政经一体化体制等也成为环境有效治理的制约条件。改革的继续深化，社会结构、利益格局深刻变化，社会参与开放程度加深，社会力量开始形成对国家改善环境治理的倒逼。本部分研究以发展的、整体性的、社会性的研究视角梳理中国环境治理历程，更凸显了环境治理的阶段特征，有利于形成绿色治理的中国经验，为后续的环境群体性事件预警研究提供历史参照。

第四章

调查分析：市民的环境意识与行为

课题组在数据分析之前，对问卷数据进行了简单的整理，在保留考察变量及剔除其漏答、错答等选项后，最终形成了一份有效样本量为 949 的数据。为了方便数据统计，保留原始赋值的情况下，对文化程度和日常居住地进行了转化赋值。样本分布分析中，其他变量仍使用原来的数据（具体结果见表4-1）。

表 4-1　基本情况统计表

基本情况变量	平均数	赋值情况或单位
性别	1.46	男＝1，女＝2
年龄	33.80	周岁
文化程度	1.82	高中及其以下＝1，中专到大学＝2，研究生＝3
日常居住地	1.13	城镇＝1，农村＝2
社会经济地位主观评价	3.26	上层、中上层、中层、中下层、下层， 分别赋值为1—5
互联网（网络）使用情况	2.53	没接触过＝1，接触过但不常用＝2， 经常使用＝3

通过表4-1中的均值可知，性别均值为1.46，表示受访者中男性样本量稍多于女性样本量。年龄群体的均值为33.80，说明受访者中年龄群体以中青年为主。文化程度的均值为1.82。社会经济地位主观评价的均值为3.26，较接近于中层评价的赋值，在受访者中大多数人的主观判断为其社会经济地位

处于中等以下水平。日常居住地的均值为 1.13，表明绝大多数受访者日常居住在城镇中，这是因为本项目调查地主要是在长沙市区，研究设计中主要是以市民为对象来分析其环境意识与环境行为的特点规律。

一、市民环境意识与行为的描述分析

（一）环境污染感知度

这一部分通过居民对影响最大和最多的污染（多选题）取值的简单描述性分析，来了解其对环境污染的感知情况。如表 4-2，影响最大的污染中选项的比重从大到小依次为：空气污染、水污染、噪声污染、食物污染、土壤污染、其他。身边存在的最多的污染中选项的比重从大到小依次为：汽车尾气、生活垃圾污染、噪声污染、工业废物污染、农药化肥污染、日常化学用品污染、其他。观察值百分比（个案百分比）的计算公式为：N/回答人数，由于是多选题，因此全部已选项数量一般会大于回答人数（一人会选择多项）。

表 4-2 影响最大、最多的污染基本描述性分析

环境污染项		N	百分比（%）	个案百分比（%）
影响最大的污染	空气污染	638	29.40	67.30
	土壤污染	148	6.80	15.60
	水污染	519	24.00	54.70
	食物污染	421	19.40	44.40
	噪声污染	423	19.50	44.60
	其他	18	0.80	1.90
最多的污染	工业废物污染	336	15.60	35.70
	生活垃圾污染	524	24.30	55.70
	农药化肥污染	206	9.50	21.90
	汽车尾气	538	24.90	57.20
	日常化学用品污染	200	9.30	21.30
	噪声污染	337	15.60	35.80
	其他	17	0.80	1.80

(二) 环境意识与环保行为量表

根据调查数据，在有关环境意识的调查项目中，B6量表中第1、6、8、9、11、12调查项是正向问题①，受访者选择"非常不赞同""不太赞同""一般""比较赞同""非常赞同"时，分别被赋值为1、2、3、4、5；B6量表中的第2、3、4、7、10和B8量表中的第1、2、3、4、5、6、7、8、9调查项是负向问题，受访者选择"非常不赞同""不太赞同""一般""比较赞同""非常赞同"时，分别被赋值为5、4、3、2、1。该量表的总分取值区间为21—105分，若受访者未进行回答，则记为缺失值，不纳入数据分析。利用B6和B8量表，可以测量受访者的环境意识，量表的克朗巴哈系数（Cronbach'α）分别为0.771和0.838②，说明该量表具有较好的信度。

在有关环保行为的调查项目中，C1量表主要测量受访者的直接环境友好行为，第1、3、5、7、9、11、13、15、17、19调查项是正向问题，受访者选择"很少""较少""一般""较多""很多"时，分别被赋值为1、2、3、4、5；第2、4、6、8、10、12、14、16、18、20调查项是负向问题，受访者选择"很少""较少""一般""较多""很多"时，分别被赋值为5、4、3、2、1。C2量表主要测量受访者的间接环境友好行为，10个调查项都为正向问题，受访者选择"很少""较少""一般""较多""很多"时，分别被赋值为1、2、3、4、5。若受访者未进行回答，则记为缺失值，不纳入数据分析。利用C1和C2量表可以测量受访者的环保行为得分，总分取值在30—150之间。量表的Cronbach'α系数分别为0.633和0.887，说明环保行为量表内部一致性较好，信度良好。

---

① 正向问题是指若受访者选择非常同意，表明其环境意识越高。负向问题是指若受访者选择非常同意，表明其环境意识越低。环保行为同理。

② 本研究利用克朗巴哈系数（Cronbach'α）来验证量表的内部一致性。在探索性量表中，Cronbach'α>0.6是可以接受的。一般认为，如果信度系数值在0.6以下，应该考虑重新编制量表。

表 4-3 测量量表的信度分析

项目	Cronbach'α	项目个数
环境意识 B6	0.771	12
环境意识 B8	0.838	9
直接环境友好行为 C1	0.633	20
间接环境友好行为 C2	0.887	10

通过表 4-4 的描述性统计资料，受访者环境意识得分最小值为 33，最大值为 97，平均值为 64.23，位于中等偏上水平，且这些值偏离平均值相对较少，说明受访者环境意识相对较高。受访者直接环境友好行为得分最小值为 44，最大值为 92，平均值为 68.62，位于中上等水平，且这些值偏离平均值相对较少；间接环境友好行为得分最小值为 10，最大值为 46，平均值为 22.54，位于中等偏下水平，且这些值偏离平均值相对较少，说明受访者直接环境友好行为比间接友好环境友好行为得分更高，在直接环境友好行为的践行上比间接环境友好行为更好。环保行为得分最小值为 62，最大值为 131，平均值为 91.19，位于中上等水平，说明受访者的环境行为总体呈现相对友好态势。

表 4-4 环境意识与环保行为描述性统计资料

	N	最小值	最大值	平均数	标准偏差
环境意识	940	33	97	64.23	6.775
直接环境友好行为	943	44	92	68.62	7.778
间接环境友好行为	942	10	46	22.54	7.388
环保行为	939	62	131	91.19	11.972

（三）环境责任意识

在对环境责任意识的测量中，主要从社会结构视角，测量了受访者对政府部门环境保护的满意度和相关环境主体保护责任程度，表 4-5 中受访者对政府部门环境保护"非常满意"选项比例过小，因此和"比较满意"选项进行了合并，新赋值为"满意"，占比仅为 11.95%，对政府部门环境保护评价为"一般"比例最大，占 50.63%，"非常不满意"和"较不满意"依次占 9.94%和27.48%，说明受访者对政府部门在环境保护方面的相关行为并不满意。

表4-6 中，对问题选项"责任很小""责任比较小""责任一般""责任比较大""责任很大"分别赋值为 1、2、3、4、5。受访者认为政府在环境保护上责任最大，平均分为 4.50；其次是企业，平均分为 4.30；环保组织的责任比较大，平均分为 3.99；个人的责任比较大，但是相对于其他主体责任是最小的，平均值为 3.95，且这些值偏离平均值相对较少。通过表4-5 和表4-6 说明政府在环境保护方面起着主导作用，在取得较大成果的同时，也有一些不太高的社会评价。企业与环保组织也承担着相对的环境保护责任，公众在环境保护方面容易对政府产生一种依赖心理，自身的环境责任感较难提升。在环境保护责任的承担中，各主体的环境行为相互影响、相互制约和相互作用。

表4-5 政府部门环境保护的满意度分析

	次数	百分比（%）	累积百分比（%）
非常不满意	94	9.94	9.94
较不满意	260	27.48	37.42
一般	479	50.63	88.05
满意	113	11.95	100.00

表4-6 相关环境保护主体的责任大小评价

	N	最小值	最大值	平均数	标准偏差
政府	945	1	5	4.50	0.728
企业	946	1	5	4.30	0.804
环保组织	946	1	5	3.99	0.890
个人	946	1	5	3.95	0.995

（四）环境事件感知度

环境事件感知度测量，主要拆为两个部分的数据：对环境事件中的利益矛盾的感知和环境信息接受渠道的感知。

如表4-7所示，在市民面临的矛盾纠纷事件中，环境破坏或污染是利益矛盾的最大比例，个案百分比为53.60%。

表4-7 市民面临的利益矛盾纠纷分布（多选题）

利益矛盾纠纷	N	百分比（%）	个案百分比（%）
宅基地纠纷	206	10.30	21.90
村组边界土地纠纷	145	7.20	15.40
干群矛盾或民主选举	243	12.10	25.90
借贷债权纠纷	221	11.00	23.50
造谣诽谤名誉性纠纷	138	6.90	14.70
政策执行不到位	485	24.20	51.70
环境破坏或污染	503	25.10	53.60
其他主要利益矛盾	62	3.20	6.60

如表4-8示，电视、广播和网络成为最常见的环境信息获取方式，个案百分比各为78.70%和56.80%；其次是报纸、杂志等主要渠道，个案百分比为49.30%；公共场所的宣传和亲身体验也是环境信息的重要获取方式，个案百分比各为30.10%、30.00%；亲戚朋友之间的交流占21.00%，政府或单位组织的教育活动占10.20%，通过其他渠道获取环境信息的最少，个案百分比仅为0.50%。总而言之，随着网络等通信工具的不断发展，信息的获取也变得更加高效便捷了，但是其他信息接收渠道的作用也是不容忽视的。

表4-8 环境信息获取方式分布（多选题）

环境信息获取方式	N	百分比（%）	个案百分比（%）
亲身体验	283	10.80	30.00
报纸、杂志等主要渠道	465	17.80	49.30
电视、广播	742	28.40	78.70
网络	536	20.50	56.80
公共场所的宣传	284	10.90	30.10
亲戚朋友之间的交流	198	7.60	21.00
政府或单位组织的教育活动	96	3.70	10.20
其他渠道	5	0.20	0.50
总计	2609	100.00	276.60

（五）矛盾纠纷调解途径

如表4-9所示，利益相关者主要通过双方协商谈判来调解矛盾纠纷，找村（社区）干部或其他中间人协调调解纠纷事件占24.70%，14.00%的受访者表示会通过打官司来应对纠纷，选择忍受或者搁置矛盾纠纷事件的占13.30%。选择上访和冲突对抗的各占6.20%和4.80%，有其他解决途径的仅占1.30%。可以看出，在利益相关者面临纠纷时，首选考虑的是依赖调解来解决，非法律的纠纷解决途径在中国仍然发挥着重要作用。

表4-9 矛盾纠纷调解途径分布（多选题）

事件纠纷调解途径	N	百分比（%）	个案百分比（%）
忍受或搁置	239	13.30	25.30
找村（社区）干部或其他中间人协调	444	24.70	47.00
上访	112	6.20	11.90
打官司	251	14.00	26.60
冲突对抗	86	4.80	9.10
双方协商谈判	640	35.70	67.80
有其他解决途径	23	1.30	2.40

（六）环境维权行为

根据调查数据，在有关环境维权行为的调查项目中，D5 量表中的十项指标为二项选择式问题，受访者选择"是""否"时，分别被赋值 1、0，若受访者没有相关环境维权行为，跳过了此题，则都赋值为 0。该量表总分取值区间为 0—10，建立新的变量"维权参与"。经统计分析发现环境维权行为测量量表的 Cronbach'α 系数为 0.789，说明维权行为量表构建良好。所有量表的 Cronbach'α 系数均大于 0.6，说明本研究使用量表的可靠性和稳定性都比较好。

如表 4-10 所示，为了减轻所遭受的环境危害，受访者首先会留意新闻报道，个案百分比为 89.10%；其次会与他人讨论怎么办，通过手机、电子邮件、QQ 群等互传信息，在网络论坛上发表看法，个案百分比各为 57.30%、45.50%、45.20%；一定比例受访者会向民间环保组织反映投诉、直接向污染企业或个人提出抗议，个案百分比各为 16.50%、16.30%；向政府投诉为 14.80%，向大众媒体投诉为 11.40%，鼓动受害者一起维权抗议为 11.10%，参与游行示威为 6.30%。由此可见，随着互联网的迅速发展，社交媒体作为民意表达平台得到广泛使用，使得传播权泛化、言论自由性以及网络信息易得性等特征充分体现。

表 4-10　环境维权行为参与度（多选题）

参与行为	N	百分比（%）	个案百分比（%）
留意新闻报道	507	28.40	89.10
在网络论坛上发表看法	257	14.40	45.20
通过手机、电子邮件、QQ 群等互传信息	259	14.50	45.50
与他人讨论怎么办	326	18.30	57.30
向大众媒体投诉	65	3.60	11.40
直接向污染企业或个人提出抗议	93	5.20	16.30

参与行为	N	百分比（%）	个案百分比（%）
向政府投诉	84	4.70	14.80
向民间环保组织反映投诉	94	5.30	16.50
鼓动受害者一起维权抗议	63	3.50	11.10
参与游行示威	36	2.00	6.30
总计	1784	100.00	313.50

如表 4-11 所示，受访者参与环境维权行为有多方面的影响因素，首要是个人利益，个案百分比为 51.10%；其次是自我的环保意识和社会规范与道德约束，个案百分比分别为 48.60%、42.20%；对环境问题的恐惧为 32.70%，行为效果预期为 28.30%，群体压力为 23.50%，外地环境维权事件的效果为 22.30%，其他因素为 1.90%。总而言之，利益相关是民众参与环境维权事件的一个重要原因。

表 4-11　环境维权行为参与影响因素描述性统计资料

市民认为影响其维权行为的影响因素	N	百分比（%）	个案百分比（%）
外地环境维权事件的效果	211	8.90	22.30
对环境问题的恐惧	309	13.00	32.70
个人利益	483	20.40	51.10
群体压力	222	9.40	23.50
行为效果预期	267	11.30	28.30
社会规范与道德约束	399	16.80	42.20
自我的环保意识	459	19.40	48.60
其他因素	18	0.80	1.90
总计	2368	100.00	250.60

在对环境维权行为选择影响因素的相关数据分析前，先对问题中涉及的指标进行解释和区分。社会关注度是指维权途径是否适合社会风俗，是否引起较大反响和关注；情绪面子是指采取该种维权途径时个人所体验到的面子、气、情绪等主观感受，比如是能赚面子还是丢面子，是能出气还是受气等；经济因素是指该维权方案所花费钱的多少；时间因素是指该维权方案所费的时间长短；资源熟人是指该维权方案所需要的知识、人脉或社会资本；结果预期是指该维权方案能达到预期结果的可能性。

如表 4-12 所示，法规政策是环境维权行为选择的首要影响因素，个案百分比为 52.50%；其次是社会关注度、经济因素和结果预期，个案百分比各为51.80%、46.00%、41.50%；时间因素为 23.90%，资源熟人为 22.80%，情绪面子为 20.70%，学别人样为 17.20%；其他主要因素占比最小，为 1.20%。由此可见，环境维权行为参与、选择有多重机制建构，环境维权行为构成具有复杂性，且这种复杂性也体现在社会制度、文化、经济等变量上。

表 4-12 环境维权行为选择影响因素描述性统计资料

	N	百分比（%）	个案百分比（%）
社会关注度	487	18.70	51.80
情绪面子	195	7.50	20.70
经济因素	432	16.60	46.00
时间因素	225	8.60	23.90
资源熟人	214	8.20	22.80
结果预期	390	15.00	41.50
学别人样	162	6.20	17.20
法规政策	491	18.80	52.20
其他主要因素	11	0.40	1.20
总计	2607	100.00	277.30

二、市民环境意识与环境行为的相关因素分析

(一) 双变量关系分析

伴随着环境问题的日渐凸显，产生环境问题的社会制度原因等受到学界广泛关注，关于环境意识、环境行为等的研究层出不穷，研究者越来越意识到社会人口特征、社会制度、文化传统等对环境行为和环境意识的影响。总而言之，影响环境意识和环保行为的因素很多。一些研究指出，收入水平、教育水平、环境现状可促进人们提升环境意识或采取环保行为①。有些研究者从具体的因素切入，比如居住地对环境问题认知及环境友好行为的影响②；性别及性别意识对在环境关心程度上的不同影响③等。

本研究对性别、年龄、文化程度、婚姻状况、职业、日常居住地、周边邻居关系、性格内向程度、去年总收入、经济地位、网络使用情况与环境意识、环保行为和维权参与的相关关系加以考察。

性别、婚姻状况、职业、日常居住地和环境意识、环保行为和维权参与之间的显著性主要通过 SPSS（统计产品与服务解决方案）软件的 means 检验进行显著性检验（置信区间为 95%）表内括号里为显著性水平 P 值，括号之前为方差检验值 F。有关年龄、文化程度、周边邻居关系、性格内向程度、去年总收入、经济地位、网络使用情况和环境意识、环保行为和维权参与之间的显著性主要通过 SPSS 软件的双变量相关分析 pearson 系数进行显著性检验（置信区间为 95%），表内括号里为显著性水平 P 值，括号之前为相关系数 r。

分析结果如表 4-13 所示，年龄、文化程度、周边邻居关系、去年总收

---

① 周广礼，徐少才，司国良，等.关于农村居民环境意识的探讨 [J].中国人口·资源与环境，2014 (S2)：246-249.

② 黄炜虹，齐振宏，邬兰娅，等.农户环境意识对环境友好行为的影响——社区环境的调节效应研究 [J].中国农业大学学报，2016 (11)：155-164；欧阳斌，袁正，陈静思.我国城市居民环境意识、环保行为测量及影响因素分析 [J].经济地理，2015 (11)：179-183.

③ 李亮，宋璐.性别、性别意识与环境关心——基于大学生环境意识调查的分析 [J].妇女研究论丛，2013 (01)：18-24.

入、经济地位、网络使用情况与环境意识具有显著相关性，不同的性别、婚姻状况、职业、日常居住地在环境意识上具有显著差异性；年龄、文化程度、周边邻居关系、经济地位、网络使用情况与环保行为具有显著相关性，不同的婚姻状况、职业在环保行为上具有显著差异性；年龄、文化程度、性格内向程度、去年总收入、经济地位、网络使用情况与维权参与具有显著相关性，不同的婚姻状况、职业在维权参与上具有显著差异性。

表4-13　基本变量之间的相关性或差异性检验

方法	变量	环境意识	环保行为	维权参与
means 方差分析	性别	3.969（0.047）	0.131（0.718）	2.885（0.090）
	婚姻状况	6.560（0.000）	7.753（0.000）	12.548（0.000）
	职业	6.947（0.000）	16.445（0.000）	10.599（0.000）
	日常居住地	10.562（0.001）	1.1599（0.282）	0.376（0.540）
pearson 相关分析	年龄	−0.145（0.000）	−0.074（0.023）	−0.227（0.000）
	文化程度	0.094（0.004）	0.211（0.000）	0.192（0.000）
	周边邻居关系	−0.106（0.001）	−0.192（0.000）	−0.059（0.069）
	性格内向程度	−0.021（0.523）	−0.062（0.000）	−0.065（0.047）
	去年总收入	0.085（0.009）	0.059（0.069）	0.166（0.000）
	经济地位	−0.138（0.000）	−0.105（0.000）	−0.133（0.000）
	网络使用情况	0.220（0.000）	0.244（0.000）	0.220（0.000）

　　人们的环境意识会影响其环保行为，但是，环境意识和环境行为的定义和测量，至今没有形成共识，对影响环境意识和环保行为的因素没有深入探究并进行回归分析。① 通过简单的pearson双变量相关分析，结果见表4-14，环境意识与环保行为之间具有显著相关性，但是与环境维权参与不具有显著相关性；环保行为与环境维权参与具有显著相关性。环境意识与直接环境友好行为和间接环境友好行为都具有显著相关性；直接环境友好行为与维权参

————————————————

① 彭远春. 我国环境行为研究述评［J］. 社会科学研究，2011（01）：104-109.

与呈现微弱的相关性，间接环境友好行为与维权参与具有显著相关性。

表 4-14　主要变量之间的相关性检验

变量	环境意识	环保行为	维权参与
环境意识		0.251（0.000）	0.004（0.911）
直接环境友好行为	0.246（0.000）		0.060（0.064）
间接环境友好行为	0.144（0.000）		0.282（0.000）
环保行为			0.213（0.000）

（二）多元线性回归分析

本研究中因变量为环境意识和环境行为，环境行为包括两个变量：环保行为、环境维权行为。自变量为性别、年龄、文化程度、婚姻状况、职业、日常居住地、周边邻居关系、性格内向程度、去年总收入、经济地位、网络使用情况等重要的相关变量。环境行为的分析中，环境意识同样作为自变量纳入模型。通过多元线性回归分析分别建立有关维权参与、环保行为和环境意识与其他相关变量之间的多元线性回归模型。

在做数据分析之前，将分类变量性别、婚姻状况、职业转化为虚拟变量。通过方差分析，把婚姻状况重新编码为不同变量，值标签为是否未婚，对未婚赋值为1，已婚、丧偶、离异赋值为0；性别重新编码为不同变量，值标签为是不是男性，男性和女性分别赋值为1和0；日常居住地重新编码为不同变量，指标签为是否居住在城镇，城市和城镇赋值为1，农村赋值为0。通过方差分析，把职业重新编码为不同变量，主要分三类：机关事业单位（包括政府、事业单位工作人员）；学生与服务人员（包括学生和商业、服务业工作人员）；基层劳动人员（包括农民、工人、无固定职业人员）。设立两个新变量：是不是机关事业单位，是赋值为1，否赋值为0；是不是学生与服务人员，是赋值为1，否赋值为0；此两变量都取值为0时，则为基层劳动人民。

如表 4-15 所示，在置信区间为95%条件下，互联网使用情况与环境意识存在显著正相关，使用互联网越频繁环境意识越高；环境意识在性别分类下存在显著差异，男性的环境意识低于女性的环境意识；与周边邻居关系与环境意识存在显著负相关，与周边邻居关系（赋值1—5，1为很好、5为很差）越差，环境意识得分越低；环境意识在日常居住地之间也存在显著差异，城镇居民环境意识比农民环境意识得分更高。

表4-15 环境意识的多元线性回归模型

	非标准化系数		标准化系数	T	显著性
	B	标准误	Beta		
（常数）	61.512	2.494		24.664	.000
年龄	.000	.028	-.001	-.010	.992
文化程度	-.038	.208	-.007	-.184	.854
经济状况位置	-.600	.314	-.072	-1.911	.056
互联网使用情况	1.586	.454	.161	3.490	.001
是不是男性	-.902	.439	-.066	-2.054	.040
是否未婚	.899	.642	.066	1.401	.161
与周边邻居关系	-.801	.277	-.097	-2.888	.004
性格内向程度	.359	.224	.054	1.603	.109
家庭去年总收入	-.011	.200	-.002	-.055	.956
是不是机关事业单位	.657	.799	.036	.822	.411
是不是学生与服务人员	.041	.594	.003	.069	.945
是否居住在城镇	1.766	.650	.089	2.718	.007

注：N=937；R^2=0.079；F=6.575；P=0.000。

如表4-16所示，在置信区间为95%条件下，年龄与环保行为存在显著正相关，年龄越大环保行为得分越高（更多采取环境友好行为）；环境意识与环保行为存在显著正相关，环境意识得分越高环保行为得分越高；文化程度与环保行为存在显著正相关，文化程度越高环保行为得分越高；互联网使用情况与环境意识存在显著正相关，使用互联网越频繁环保行为得分越高；环保行为在婚姻状况下存在显著差异，未婚的人比已经结过婚的人环保行为得分更高；与周边邻居关系与环保行为存在显著负相关，与周边邻居关系（赋值1—5，1为很好、5为很差）越差，环保行为得分越低；环保行为在职业分类下存在显著差异，机关事业单位比其他职业人员环保行为得分更高。

表 4-16　环保行为的多元线性回归模型

	非标准化系数		标准化系数	T	显著性
	B	标准误	Beta		
（常数）	55.974	5.427		10.314	.000
年龄	.167	.047	.186	3.526	.000
环境意识	.330	.056	.187	5.946	.000
文化程度	1.031	.355	.102	2.906	.004
经济状况位置	.407	.530	.028	.767	.443
互联网使用情况	3.667	.775	.210	4.729	.000
是不是男性	.170	.744	.007	.228	.819
是否未婚	3.335	1.085	.138	3.074	.002
与周边邻居关系	-2.239	.475	-.152	-4.709	.000
性格内向程度	-.088	.380	-.008	-.232	.817
家庭去年总收入	-.452	.338	-.048	-1.337	.182
是不是机关事业单位	3.183	1.346	.098	2.365	.018
是不是学生与服务人员	.828	1.001	.034	.828	.408
是否居住在城镇	-.037	1.101	-.001	-.034	.973

注：N=928；R^2=0.166；F=13.965；P=0.000。

如表4-17所示，在置信区间为95%条件下，年龄与维权参与存在显著负相关，年龄越大环境维权参与行为越少；环境意识与维权参与存在显著负相关，这个负相关的原因可能是前述所分析的环境意识与互联网使用情况、与周边邻居关系变量存在显著的共线性影响；家庭收入与维权参与存在显著正相关，收入越低环境维权参与行为越少；维权参与度在职业类型上具有显著差异，机关事业单位比其他职业人员环境维权行为参与度更高；间接环境友好行为与维权参与存在显著正相关，间接环境行为越友好（得分越高）维权行为参与度更高。总体上看，年龄、家庭收入、工作类型、环境友好行为对市民的维权行为有影响。

表 4-17 维权参与的多元线性回归模型

	非标准化系数		标准化系数	T	显著性
	B	标准误	Beta		
（常数）	2.901	1.029		2.819	.005
年龄	-.041	.008	-.261	-4.944	.000
环境意识	-.027	.010	-.086	-2.694	.007
文化程度	.104	.062	.058	1.660	.097
经济状况位置	-.020	.093	-.008	-.214	.831
互联网使用情况	-.203	.138	-.066	-1.473	.141
是不是男性	.208	.131	.049	1.587	.113
是否未婚	-.020	.191	-.005	-.103	.918
与周边邻居关系	-.052	.084	-.020	-.619	.536
性格内向程度	-.034	.067	-.017	-.509	.611
家庭去年总收入	.188	.059	.113	3.169	.002
是不是机关事业单位	.913	.237	.159	3.849	.000
是不是学生与服务人员	.237	.175	.056	1.353	.176
是否居住在城镇	.046	.194	.007	.238	.812
直接环境友好行为	.001	.009	.003	.096	.923
间接环境友好行为	.066	.009	.231	7.109	.000

注：$N=928$；$R^2=0.177$；$F=13.087$；$P=0.000$。

三、市民环境维权行为方案的选择

参照层次分析法中的权重测试，我们设计了维权行为方案选择相对重要性的问题。通过市民进行相对重要性的选择来测量居民在遭遇环境矛盾和纠纷时对各个方案相对重要性的认识，进而推测居民在实际行动过程中维权方案的选择情况。

问卷表格中对七种维权方案的相对重要性进行了两两比较，维权方案之间的相对重要性被划分为九种：绝对重要、非常重要、颇为重要、稍微重要、同等重要、稍微重要、颇为重要、非常重要、绝对重要。九个选项以"同等重要"为中心两边对称且完全一样，居民在选择时越靠近哪一端，哪一端就越重要，中间是同等重要。在统计过程中，我们对"绝对重要、非常重要、颇为重要、稍微重要、同等重要、稍微重要、颇为重要、非常重要、绝对重要"九个选项进行了赋值，依次为1、2、3、4、5、6、7、8、9。根据表格收集到的数据，我们通过两两相对重要性的比较分数计算平均数来考量居民的认识。

如表4-18所示，描述性分析结果如下：以忍受或搁置为参照标准，相对重要性排序为暴力冲突 < 忍受或搁置 < 媒体曝光 < 上访 < 打官司 < 双方谈判 < 中间人调解；以中间人调解为参照标准，相对重要性排序为暴力冲突 < 上访 < 媒体曝光 < 打官司 < 双方谈判 < 中间人调解；以上访为参照标准，相对重要性排序为暴力冲突 < 打官司 < 媒体曝光 < 上访 < 双方谈判；以打官司为参照标准，相对重要性排序为暴力冲突 < 打官司 < 媒体曝光 < 双方谈判；以暴力冲突为参照标准，相对重要性排序为暴力冲突 < 媒体曝光 < 双方谈判；以媒体曝光为参照标准，相对重要性排序为媒体曝光 < 双方谈判。

虽然在排序的过程中，不同的参照标准之间有些许排序差异，但是总体上不同的参照标准的相对重要性大致类似，居民在遭遇环境纠纷或冲突时，优先选择中间人调解，其次为双方谈判，之后依次为打官司、上访、媒体曝光、忍受或搁置，很少会选择暴力冲突。

　　那么影响维权行动方案的影响因素之间的重要性又如何呢？课题组经过梳理相关文献及总结调研的经验，归纳出主要有社会关注度、情绪面子、经济因素、时间因素、资源熟人、结果预期、学别人样（别人这样做过）、法规政策八个方面的因素。通过调查对象在遭遇环境纠纷或冲突进行维权行动方案选择时考虑因素相对重要性两两对比来进行分析。

　　基于此，本研究对样本所得的数值进行平均数的统计，以平均数作为选择因素相对重要性两两比较的依据。数据分析结果如表4-19所示：以社会关注度为参照标准，则选择因素相对重要性按平均数大小排序为学别人样＜情绪面子＜社会关注度＜时间因素＜资源熟人＜结果预期＜经济因素＜法规政策；以情绪面子为参照标准，则选择因素相对重要性按平均数大小排序为学别人样＜情绪面子＜资源熟人＜时间因素＜结果预期＜法规政策＜经济因素；以经济因素为参照标准，则选择因素相对重要性按平均数大小排序为学别人样＜时间因素＜资源熟人＜结果预期＜法规政策＜经济因素；以时间因素为参照标准，则选择因素相对重要性按平均数大小排序为学别人样＜资源熟人＜结果预期＜时间因素＜法规政策；以资源熟人为参照标准，则选择因素相对重要性按平均数大小排序为学别人样＜结果预期＜资源熟人＜法规政策；以结果预期为参照标准，则选择因素相对重要性按平均数大小排序为学别人样＜结果预期＜法规政策；以学别人样为参照标准，则选择因素相对重要性按平均数大小排序为学别人样＜法规政策。虽然由于不同参照标准下选择因素排序存在部分冲突，主要是时间因素、资源熟人和结果预期三者以及法规政策和经济因素两者之间的重要性情况无法完全确定，但是综合以上七次不同参照标准的排序结果，调查对象在遭遇环境纠纷或冲突时进行维权行动方案选择因素相对重要性两两对比来进行分析得出，选择因素相对重要性情况两两比较结果为：路径索引＜情绪面子＜社会关注度＜时间因素、资源熟人、结果预期＜法规政策、经济因素，即影响人们维权方案选择的影响因素是，经济因素和法规政策因素的影响力最重，其次是结果预期、资源熟人以及时间因素，再次是社会关注度、情绪面子。

表4-18　遭遇环境纠纷或冲突时维权方案选择的相对重要性情况两两比较（以平均数为依据）

方案	中间人调解	上访	打官司	暴力冲突	双方谈判	媒体曝光	排序
忍受搁置	5.902	5.049	5.116	4.130	5.703	5.041	暴力冲突<忍受搁置<媒体曝光<上访<打官司<双方谈判<中间人调解
中间人调解		4.019	4.125	3.549	4.514	4.119	暴力冲突<上访<媒体曝光<打官司<双方谈判<中间人调解
上访			4.785	4.120	5.500	4.903	暴力冲突<打官司<媒体曝光<上访<双方谈判
打官司				4.095	5.562	5.021	暴力冲突<打官司<媒体曝光<双方谈判
暴力冲突					6.171	5.911	暴力冲突<媒体曝光<双方谈判
双方谈判						4.192	媒体曝光<双方谈判

表 4-19 环境维权行动方案选择的影响因素相对重要性两两比较（以平均数为依据）

选择因素	情绪面子	经济因素	时间因素	资源熟人	结果预期	学别人样	法规政策	排序
社会关注度	4.766	5.391	5.314	5.350	5.369	4.711	5.432	学别人样<情绪面子<社会关注度<资源熟人<结果预期<时间因素<经济因素<法规政策
情绪面子		5.585	5.521	5.492	5.569	4.873	5.574	学别人样<情绪面子<资源熟人<结果预期<法规政策<时间因素<经济因素
经济因素			4.600	4.605	4.721	4.229	4.800	学别人样<时间因素<资源熟人<结果预期<法规政策<经济因素
时间因素				4.737	4.748	4.325	5.014	学别人样<资源熟人<结果预期<时间因素<法规政策
资源熟人					4.810	4.384	5.074	学别人样<结果预期<资源熟人<法规政策
结果预期						4.318	5.052	学别人样<结果预期<法规政策
学别人样							5.663	学别人样<法规政策

第五章

事件数据分析：近期中国环境案例概况

近年来社会矛盾冲突以各类群体性事件的形式集中显现，其中尤以因环境矛盾和纠纷引发的群体性事件居多。本章对收集的近十几年来的 1808 条国内环境污染事件案例编码进行定量分析，总结事件的普遍性特征，从而全方面多层次地揭示出近期中国环境群体性事件的特征，为后续的建议形成提供实证支撑。

自 20 世纪五六十年代新技术革命开展以来，世界发生了翻天覆地的变化。伴随着城市人口的迅速集中和工业化的快速发展，经济发展的负面效应全面显现，而其中环境污染和生态破坏带来的人类生存危机至今已成为人类可持续发展不可忽略的一大阻碍因素，保护环境、维持生态平衡成为时代主题。

特别是近些年来，随着公众环境意识的觉醒和维权意识的增强，以环境污染为主题的环境抗争事件日益增多。在环境问题越趋严峻而环保机制尚不健全的双重困境之下，环境污染受害群体越来越多地诉诸一种激进的群体性环境运动的方式来开展环境维权抗争，逐步演变成今天众所周知的"环境群体性事件"。

早在 2012 年十一届全国人大常委会第二十九次会议上，杨朝飞就指出：1996 年以来，环境群体性事件数量以年均 29% 的速度递增，而在 2012 年度，仅仅四个月内竟发生三起反对污染企业而导致的环境群体性事件带来的财产损失、秩序破坏、人员伤亡等严重后果无疑给全国人民敲响了警钟。党的十八大报告中提出"建立健全重大决策社会稳定风险评估机制"，原环境保护部部长周生贤在回答记者提问时也将其视为解决群体性事件的措施之一。

正是基于此背景，本研究对近十几年来的国内环境污染事件进行内容研究，以环境群体性事件为重点，对案例进行深度挖掘，总结事件特征，从而探讨环境群体性事件中的中国经验，并开展预警研究，更好地预测环境群体性事件的发生。

一、分析内容的来源与处理

（一）案例事件来源

以《安全与环境学报》2000—2015 年国内环境事件为总体（每年有分月或分季度的环境事件汇总，共 78 期），以 2000—2015 年全国环境抗争案例汇总为补充，根据事件情况、案例简介以及事件来源等查找和搜索事件。其中，又以环境群体性事件为重点，进行样本数据的详细检索和资料搜集，并完成52 个案例变量的完整编码填答；而以一般的环境污染事件作为补充，只录入事件发生的时间、地点及项目情况等基本内容，不进行详细搜索编码处理。

（二）案例内容及变量编码

对于一般的环境污染事件，本研究只进行了事件发生的时间、地点及项目情况等基本内容的检索和填答；而对于环境群体性事件，我们将其作为本次课题研究的重点，根据案例简介进行事件的详细检索，并从环境群体性事件的时间分布、地域分布、项目情况、组织化程度、抗争方式、网络媒体参与情况以及政府和民众言行表现情况七个维度对 52 个案例变量开展事件的定量研究（见表 5-1）。

表 5-1 环境群体性事件操作化指标体系

测量项目	主要维度	子维度	指标
环境群体性事件	时间分布		发生数量
			事件类型
	地域分布		所属地区、所属省份
			地点性质
			产业构成
			空气/水源/土地质量分布
	项目情况		项目环评情况
			项目受益主体、其他项目受益主体
			发生原因、其他原因
	组织化程度		抗争主体、其他抗争主体、参与主体年龄
			冲突对象
			发起方式、群体规模
			事件中 NGO（非政府组织）参与情况、参与事件的 NGO 名称
			事件中的强影响力、其他强影响力
	抗争方式		冲击方式、其他冲击方式
			冲突激烈程度、群体性事件等级
			当地/国内历史类似事件索引性
			冲突诉求、其他冲突诉求
	网络媒体参与情况		群众动员渠道、其他动员渠道
			网络敏感度、百度搜索相关词条数、网络舆情
			核心的链接资源、其他核心链接资源、事件辐射区域
	政府和民众言行表现	民众表现	民众事前/事中/事后话语
			民众事前/事中/事后行为
		政府表现	政府事前/事中/事后话语
			政府事前/事中/事后行为

（三）资料搜索编码与审核处理方式

此次资料收集首先由经过专业培训的中南大学在校本科生以"污染事件"为检索对象，借助百度搜索、谷歌搜索、政府门户网站、相关文献研究资料搜索等检索工具，进行一般的环境污染事件和环境群体性事件的搜索和编码填答，总计共获取 1941 条案例数据，并且每一条案例数据都经由三位调查员进行检索填答，充分保证调查数据的信度。其次，在完整收集全部环境污染数据之后，由两位督导进行全部数据编码的监督与评估，剔除无效数据，保留有效数据，并规范和明确数据的填答和处理，最终以 102 条环境群体性事件案例数据和 1706 条环境非群体性事件数据共 1808 条有效环境污染事件数据作为此次调查研究的数据分析总体。

三人编码、双人审核的数据收集和审核方式，确保了环境污染事件案例信息具有较高信度。根据研究目的和样本概况，本研究将 1808 起环境污染事件作为案例研究总体，并将其按照事件性质划分为环境非群体性事件（1706起，占比 94.36%）和环境群体性事件（102 起，占比 5.64%）。对于环境非群体性事件，本研究将对其发生时间、发生地点、地点性质做简单的描述性统计分析，归纳事件特征；而对于环境群体性事件，作为本次研究的重点内容，本研究不光对环境群体性事件的时间分布、地域分布、项目情况、组织化程度、抗争方式、网络媒体参与情况以及政府和民众言行表现情况进行描述性统计从而总结概括出环境群体性事件的特征规律，并且将环境群体性事件的双变量分析也纳入数据分析范围，探讨深层次的变量关系，从而深化研究结论，丰富研究发现。

二、环境污染事件的描述分析

我们将从年份、月份、省份和地点性质四个方面对环境污染事件进行描述分析，环境污染事件的发展经历三个阶段，分别是 2000—2006 年较快上升期、2006—2007 年快速下降期、2007—2015 年"缓 M 性波动期"；环境污染事件在 12 个月当中的分布呈现"M"形，总体上呈现出"先上升后下降"的趋势，且夏季高发；环境污染事件发生数量广东第一、江苏第二、山东第三，有四个省份超过 100 起；城市和农村的环境污染事件发生率基本持平，城市和农村一样面临着严峻的环境考验。

（一）近二十年环境污染事件发生历程

1. 2000—2006 年较快上升期

如表 5-2 所示，第一阶段为较快上升期，时间为 2000—2006 年，2006 年环境污染事件达到峰值，环境污染事件由 2000 年的 20 起发展到 2006 年的 251 起，7 年间环境污染事件快速涌现，2006 年发生的环境污染事件是 2000 年的 12.55 倍。具体来看，2000 年到 2003 年上升较缓，这个阶段发生的环境污染事件是 2000—2015 年发生数量最少的四年；2003—2004 年为急剧上升期，环境污染事件由 2003 年的 62 起上升为 2004 年的 165 起，增长率高达 166.13%；2004—2006 年较快上升，2004 年环境污染事件突破 150 起，2006 年达到峰值 251 起，2006 年较之 2004 年的增长率为 53.94%。

2. 2006—2007 年快速下降期

如表 5-2 所示，第二阶段为快速下降期，时间为 2006—2007 年，两年时间环境污染事件发生量由 2006 年的 251 起下降为 2007 年的 109 起，下降率为 56.57%。

3. 2007—2015 年"缓 M 性波动期"

如表 5-2 所示，第三阶段为"缓 M 性波动期"，时间为 2007—2015 年，这一阶段的环境污染事件发生量体现为既有上升也有下降，且上升和下降交替进行。具体来看，2007—2008 年为快速上升期，环境污染事件由 2007 年的 109 起上升为 2008 年的 144 起；2008—2011 年为缓慢下降期，由 2008 年的 144 起下降为 2011 年的 99 起；2011—2012 年为上升期，由 2011 年的 99 起上升为 2012 年的 121 起；2012—2014 年为缓慢下降期，由 2012 年的 121 起下降为 2014 年的 84 起，2015 年较之 2013 年和 2014 年有稍微回升。

环境污染事件 2000 年发生 20 起，2001 年 25 起，2002 年 44 起，2003 年 62 起，2004 年 165 起，2005 年 184 起，2006 年 251 起，2007 年 109 起，2008

年 144 起，2009 年 115 起，2010 年 102 起，2011 年 99 起，2012 年 121 起，2013 年 87 起，2014 年 84 起，2015 年 90 起。从排名来看，环境事件发生比排在前三名的年份为 2006 年、2005 年、2004 年，环境事件发生比排在后四名的年份为 2003 年、2002 年、2001 年和 2000 年。

表 5-2　环境污染事件年份频数表（N=102）

年份	频数	百分比（%）	序次
2000	20	1.18	16
2001	25	1.47	15
2002	44	2.59	14
2003	62	3.64	13
2004	165	9.69	3
2005	184	10.81	2
2006	251	14.75	1
2007	109	6.40	7
2008	144	8.46	4
2009	115	6.76	6
2010	102	5.99	8
2011	99	5.82	9
2012	121	7.11	5
2013	87	5.11	11
2014	84	4.94	12
2015	90	5.29	10
共计	1702	100.00	

（二）环境污染事件的月份分布

如图5-1所示，在一年的各个月份中环境污染事件均超过100起，总体而言，呈现出先上升后下降的趋势，环境污染事件在12个月份当中的分布呈现"M"形。7月环境污染事件达到峰值，为180起，环境污染事件发生最少的月份为2月，为105起。3—8月，环境污染事件在160—180起波动，而1—2月、9—12月，环境污染事件在120起上下波动，可见，3—8月为环境污染事件的高发期。

总体而言，1—7月为环境污染事件的上升期，从1月的118起到7月的180起，增加62起，增长率为52.54%；7—12月为环境污染事件的下降期，由7月的180起下降为12月的115起，减少65起，下降率为36.11%。环境污染事件从年初到年末经历了由少到多，再由多到少的过程，体现了环境污染事件的高发月份是夏季，集中在4—8月，春季和秋冬季环境污染事件发生相对较少。

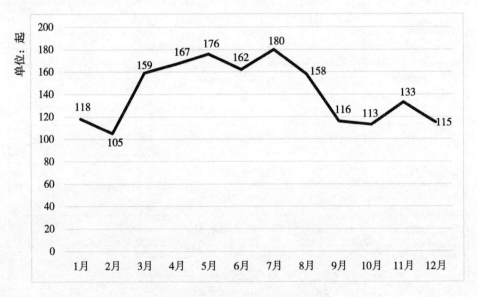

图5-1 环境污染事件的月份分布

按照2—4月为春季、5—7月为夏季，8—10月为秋季，11—1月为冬季的划分，如图 5-2 所示，春季发生环境污染事件为 431 起，夏季为 518 起，秋季为 387 起，冬季为 366 起，夏季环境污染事件发生数量最多，其次是春季，秋季和冬季，春季和夏季均在 400 起以上，秋季和冬季均在 400 起以下。

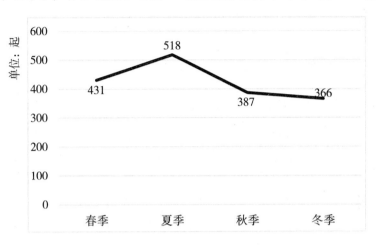

图 5-2　环境污染事件的季节分布

（三）环境污染事件的省份流域分布：经济强省发生率较高

如表 5-3 所示，环境污染事件前十的省份依次为广东、江苏、山东、浙江、河南、福建、湖北、陕西、四川、安徽，分别发生 163 起、114 起、111 起、102 起、94 起、92 起、92 起、89 起、69 起、65 起，占比分别为 9.58%、6.70%、6.52%、5.99%、5.52%、5.41%、5.41%、5.23%、4.05% 和 3.82%；超过 100 起的有 4 个省份，分别为广东、江苏、山东和浙江，这 4 个省份的经济实力强劲；超过 50 起的有 14 个省份，在前十的基础上增加了广西、湖南、重庆和江西。

表 5-3　环境污染事件的省份流域分布

序次	省份流域	频数	百分比（%）
1	广东	163	9.58
2	江苏	114	6.70

续表

序次	省份流域	频数	百分比（%）
3	山东	111	6.52
4	浙江	102	5.99
5	河南	94	5.52
6	福建	92	5.41
7	湖北	92	5.41
8	陕西	89	5.23
9	四川	69	4.05
10	安徽	65	3.82
11	广西	64	3.76
12	湖南	60	3.53
13	重庆	56	3.29
14	江西	51	3.00
15	辽宁	48	2.82
16	甘肃	46	2.70
17	河北	45	2.64
18	海南	44	2.59
19	山西	37	2.17
20	北京	35	2.06
21	上海	33	1.94
22	贵州	31	1.82
23	云南	31	1.82
24	黑龙江	24	1.41
25	新疆	24	1.41

序次	省份流域	频数	百分比（%）
26	天津	21	1.23
27	内蒙古	15	0.88
28	吉林	10	0.59
29	宁夏	10	0.59
30	青海	9	0.53
31	渤海	3	0.18
32	珠江	3	0.18
33	东海	2	0.12
34	长江	2	0.12
35	西藏	1	0.06
36	其他	6	0.36

（四）环境污染事件的城乡分布：发生率基本持平

如表5-4所示，环境污染事件发生在城市的有625起，发生在农村的有627起，发生在城乡过渡地带的有450起，在整个环境事件中分别占36.72%、36.84%、26.44%。城市和农村的环境污染事件发生率基本持平。可见，城市和农村一样面临着严峻的环境考验。

表5-4　环境污染事件地点性质频数分布表

地点性质	频数	百分比（%）
城市	625	36.72
农村	627	36.84
城乡过渡地带	450	26.44

三、环境群体性事件单变量描述性分析

通过对2000—2015年我国环境群体性事件的搜集编码分析发现，发生数量经历了从迅速上涨到逐渐回落的历程；环境群体性事件多为事后抗争类型，地域分布广泛，以东部地区居多，其中农村地区是高发地；引发环境群体性事件的项目中接近一半未通过项目环评，且项目受益主体中企业和政府占据绝大比例，民众往往出于生存需求爆发环境群体性事件；这些环境群体性事件往往组织化程度较低，底层性明显；抗争方式具有效仿性，并且虽然主要冲击方式且趋于和缓，但在事件发生过程中很容易向极端方向发展；同时我国环境群体性事件的处理具有很明显的应急性质，大多未触及问题的根源。值得注意的是，互联网等新兴媒体在环境群体性事件的宣传和动员等方面发挥着越来越重要的作用。

（一）时间分布

2000—2015年我国环境群体性事件的发生数量经历了从迅速上涨到逐渐回落的历程，且环境群体性事件多为事后抗争类型。

如图5-3所示，2000—2012年环境群体性事件的发生数量总体上呈上升趋势。虽然在2004—2006年以及2010—2011年呈现出小幅下降趋势，但2006—2014年环境群体性事件的发生数量始终保持着较快的增长速度并在2010年首次突破个位数。在2012年以20起到达顶峰之后，环境群体性事件的发生数量开始急剧下降。这反映了我国环境状况经历了从急剧恶化到逐渐好转的历程。

如图5-4所示，2000—2015年中国环境群体性事件的发生类型分为事前预防和事后抗争两种类型。事前预防占29.00%，事后抗争占71.00%，事后抗争类型占据环境群体性事件总体的绝大部分。

（二）地域分布

2000—2015年中国环境群体性事件的地域分布广泛，以东部地区居多，其中广东省、浙江省、福建省环境群体性事件发生数量位居前三，农村地区

是环境群体性事件的高发地。在环境群体性事件的发生所在地，以第二产业为主的占大部分，同时大部分地区在空气质量、水源质量以及土地质量上未曾发生过严重污染事件。

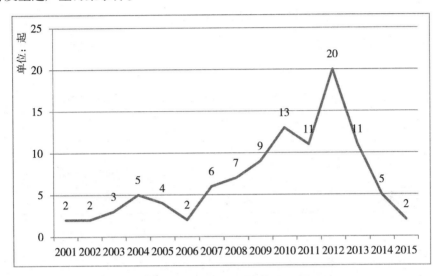

图5-3　2000—2015年中国环境群体性事件的发生数量

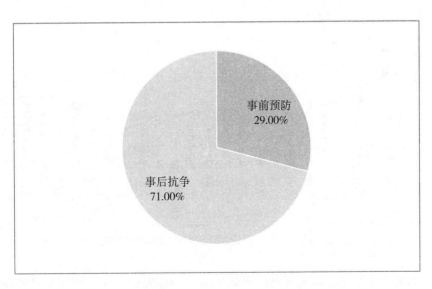

图5-4　2000—2015年中国环境群体性事件的事件类型

如表 5-5 所示，环境群体性事件发生在东、中、西部的比例分别是 57.80%、22.50%、19.60%，东部地区占据超过一半的比重。从具体省份分布而言，如图 5-5 所示，除黑龙江、吉林、河北、新疆、宁夏、西藏、贵州（港澳台数据暂缺）外，其他各省均有涉及，分布范围较广。其中广东省以 18 起环境群体性事件位居榜首，其次是浙江共 12 起，再次是福建共 8 起，位居前三。

表 5-5 2000—2015 年中国环境群体性事件的所属地区（N=102）

所属地区	频数	百分比（%）
东部	59	57.80
中部	23	22.50
西部	20	19.60

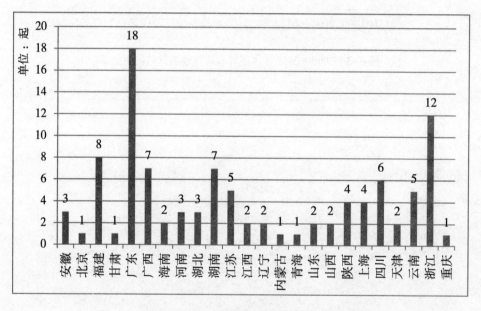

图 5-5 2000—2015 年中国环境群体性事件的所属省份

如表 5-6 所示，农村是环境群体性事件的高发区，其环境群体性事件发生比例（57.80%）超过一半，远高于城市（29.40%）和城乡过渡地带

（12.70%），这与农村地区当前的经济发展观念和环境监管现状密切相关。近年来，随着城市地区生态保护力度的加强，许多高污染高能耗企业为了降低环境支付成本逐步将生产地由城市向环境监管薄弱的农村转移，地方政府为追求快速的经济增长往往对这些纳税大户采取不作为的态度，在高污染生产和不作为政治的双重困境之下，环境群体性事件的发生率大大增加。

表 5-6　2000—2015 年中国环境群体性事件的地点性质（N＝102）

地点性质	频数	百分比（%）
城市	30	29.40
农村	59	57.80
城乡过渡地带	13	12.70

如图 5-6 所示，环境群体性事件发生地点的产业构成中以第二产业为主的占 60.00%，超过一半；以第一产业为主的占 29.00%，位居其次；以第三产业为主的占 11.00%。这也验证了我国环境群体性事件主要发生在工业大省或者是农村地区。

如图 5-7 所示，在环境群体性事件的发生所在地，其空气质量、水源质量以及土地质量未曾发生过严重污染事件的占大部分，但也存在一部分地区在空气质量、水源质量以及土地质量上曾发生过严重污染事件，其所占比重分别是 32.60%、36.70%、21.30%。在发生过严重污染事件的地区，环境群体性事件仍然以稍高的比例发生，这从侧面反映了我国对环境群体性事件的解决还有深化的空间。

（三）项目情况

2000—2015 年中国引发环境群体性事件的项目中不少未通过项目环评，民众往往出于生存需求爆发环境群体性事件。

如图 5-8 所示，引发环境群体性事件的项目中 58.00% 的项目通过项目环评，还有 42.00% 的项目未通过项目环评。项目环评是项目具体实施的前提，也是环境源头治理的一大关键，接近一半的项目未通过项目环评的情况，反

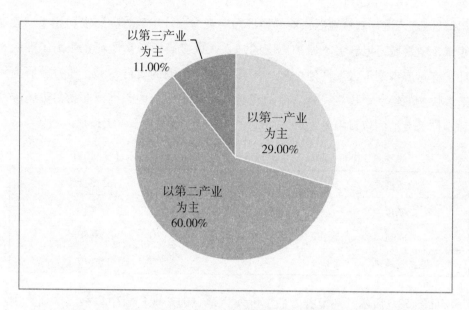

图 5-6 2000—2015 年中国环境群体性事件发生地点的产业构成

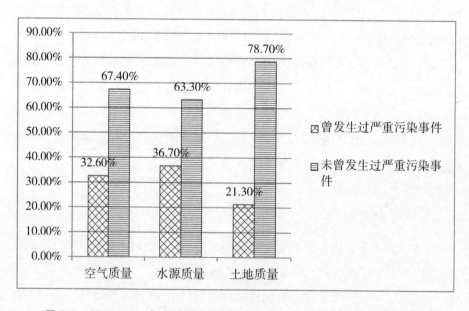

图 5-7 2000—2015 年中国环境群体性事件发生地点的空气/水源/土地质量

映出我国行政审批程序的不完善。

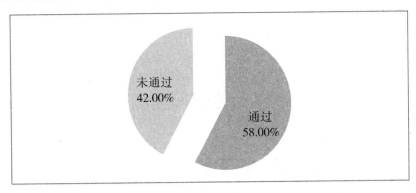

图5-8 2000—2015年中国引发环境群体性事件的项目环评情况

如表5-7所示，根据采访，受访者认为引发环境群体性事件的项目受益主体构成是：相关企业及公司个案百分比为80.40%，政府部门占49.00%，较大范围的普通群众占14.70%，特定群体占9.80%。企业和政府受益主体占据了绝大多数，然而在大部分环境群体性事件中的当地民众却成了环境污染的受害者。受益主体和受害主体的分离，使利益冲突成为环境群体性事件的重要诱因。

表5-7 2000—2015年中国引发环境群体性事件的项目受益主体（多选题）

类型	频数	百分比（％）	个案百分比（％）
相关企业及公司	82	51.90	80.40
政府部门	50	31.60	49.00
特定群体	10	6.30	9.80
较大范围的普通群众	15	9.50	14.70
其他受益主体	1	0.60	1.00
总计	158	100.00	154.90

如表5-8所示，在102起环境群体性事件中，由造成环境污染或破坏所引起的环境群体性事件个案百分比最高，为89.20%；其次是导致人身健康受

损，个案百分比为 72.50%，占比较高；再次是不利于当地可持续发展，个案
百分比为 58.80%；最后是导致集体经济利益受损，个案百分比为 41.20%。
以上数据显示，环境群体性事件的发生往往是出于生存需求，在涉及人类的
生存环境和身体健康问题上，矛盾难以调和，一触即发。

表 5-8　2000—2015 年中国环境群体性事件的发生原因（多选题）

类型	频数	百分比（%）	个案百分比（%）
造成环境污染或破坏	91	34.10	89.20
导致人身健康受损	74	27.70	72.50
导致集体经济利益受损	42	15.70	41.20
不利于当地可持续发展	60	22.50	58.80
总计	267	100.00	261.70

（四）组织化程度

所谓组织化程度，即以环境群体性事件中是否有领导者，是否有组织体
系，是否有统一的穿戴、是否打出标语及口号等为特征。[①] 数据显示，2000—
2015 年中国环境群体性事件组织化程度较低，底层性明显。

环境群体性事件的抗争主体中居民个案百分比超过九成，且混合年龄参
与主体占绝大多数。企业和政府同为环境群体性事件中的冲突对象。超过八
成的环境群体性事件是自发呼应并共同发起，且群体规模较大。非政府组织
（NGO）的参与情况不容乐观，参与民众构成环境群体性事件中的最强影
响力。

如表 5-9 所示，环境群体性事件的抗争主体中居民个案百分比超过九成，
同时非政府组织和学生抗争主体以 11.80% 和 10.80% 的个案百分比占据一定
比重，但占比较小。在参与主体的年龄构成中，如图 5-9 所示，混合群体以
88.00%的比例占据绝大多数，参与主体集中在某一年龄段的比例较小。

---

① 张萍，杨祖婵. 近十年来我国环境群体性事件的特征简析 [J]. 中国地质大学学报（社
会科学版），2015，15（02）：53-61.

表 5-9　2000—2015 年中国环境群体性事件的抗争主体（多选题）

类型	频数	选项百分比（%）	个案百分比（%）
居民	97	74.00	95.10
非政府组织	12	9.20	11.80
学生	11	8.40	10.80
教师	5	3.80	4.90
企业职工	3	2.30	2.90
其他抗争主体	3	2.30	2.90
总计	131	100.00	128.40

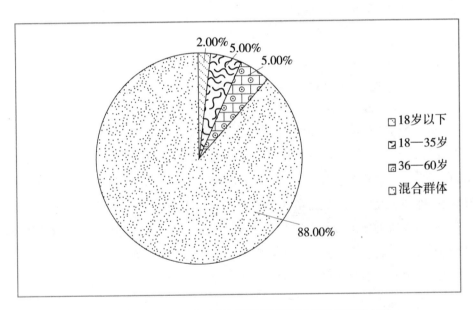

图 5-9　2000—2015 年中国环境群体性事件的参与主体年龄

　　如图 5-10 所示，环境群体性事件的冲突对象中相关企业工厂占 39.00%；其次是相关企业工厂及政府部门，占 37.00%；再次是相关政府部门，占 24.00%。相关企业工厂作为污染生产的实施主体，无疑首先受到民众冲击。然而值得注意的是，地方政府为了招商引资扩大 GDP 产值，在企业引进上放松环境监管标准，这也是引起重大环境事件的重要原因。

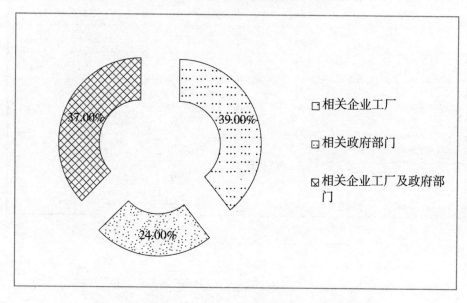

图5-10　2000—2015年中国环境群体性事件的冲突对象

　　如图5-11所示，环境群体性事件的发起方式中自发呼应并共同发起的占比最高，为81.40%；某个或某几个带头人发起，占16.70%；相关组织发起占比最少，为2.00%。其中，如图5-12所示，群体规模超过30人的环境群体性事件超过九成，特别是群体规模在30—299人和特大1000人以上的环境群体性事件所占比例最高，均为37.30%。由居民自发呼应组成的抗争主体虽组织性低，但通过庞大的人口聚集所造成的规模效应，如大规模的集体游行、抗议以及阻塞交通等方式，也能引起全国轰动，这也是群众为达目的惯用的一种策略和方式。

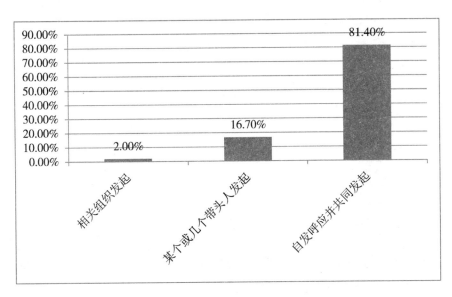

图 5-11　2000—2015 年中国环境群体性事件的发起方式

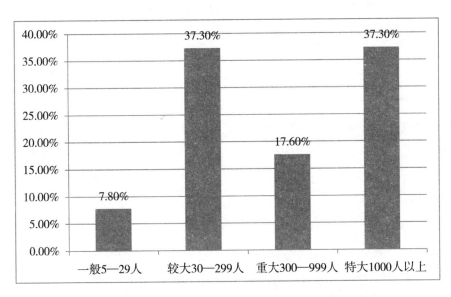

图 5-12　2000—2015 年中国环境群体性事件的群体规模

如表 5-10 所示，102 起环境群体性事件案例中，除了 13 起系统缺省值，在其余 89 起环境群体性事件案例中，非政府组织（NGO）的参与情况不容乐观。无 NGO 参与的有效百分比为 92.10%，有 NGO 参与的有效百分比仅为 7.90%，如北京"绿家园""云南大众流域"民间环保组织、自然之友环保组织以及山水自然保护中心等。这与环境群体性事件的发起方式情况是相互印证的，由于在环境污染事件中缺乏专业力量的辅助，群众往往自发呼应开展自救运动。

表 5-10 2000—2015 年中国环境群体性事件的 NGO 参与情况（N=89）

有无 NGO 参与	频数	有效百分比（%）
有	7	7.90
无	82	92.10

如表 5-11 所示，参与民众构成环境群体性事件中的最强影响力，个案百分比高达 90.90%，其中值得注意的是，以网上舆论支持、互联网曝光程度以及电视媒体报道为代表的传统和新兴新闻媒体在事件中亦发挥着不可忽视的作用，个案百分比分别为 51.50%、42.40% 和 35.40%。而主要领导者在环境群体性事件中所发挥的作用非常有限，个案百分比仅为 13.10%。而法律援助以及事件中的其他强影响力在事件中发挥的作用更是少之又少。

表 5-11 2000—2015 年中国环境群体性事件中的强影响力（多选题）

类型	频数	百分比（%）	个案百分比（%）
电视媒体报道	35	14.80	35.40
网上舆论支持	51	21.60	51.50
互联网曝光程度	43	17.80	42.40
主要领导者	13	5.50	13.10
参与民众	90	38.10	90.90
法律援助	1	0.40	1.00
事件中的其他强影响力	4	1.70	4.00
总计	237	100.00	238.30

由此可见，中国的环境群体性事件是以居民为主的抗争主体。在没有主

要领导者引领组织下的环境抗争运动很容易在共同利益诉求和乌合之众的情绪渲染下演变成极端的越轨行为，不但不能有效解决环境问题反而激化社会矛盾；同时由于民众专业环境、法律知识的缺乏，在环境运动中缺乏专业力量的支持和外界力量的介入，因此群众往往自发呼应开展自救运动，通过尽可能地扩大群众数量形成规模效应，这也导致我国重大环境群体性事件数量居高不下。

（五）抗争方式

2000—2015 年中国环境群体性事件的主要冲击方式趋于和缓，但在事件发生过程中很容易向极端方向发展，表现在冲突激烈程度和群体性事件等级上明显的两极分化趋势。当地历史类似事件索引性和国内历史类似事件索引性呈现截然相反的趋势，超过九成的环境群体性事件在国内曾发生过类似事件。公众冲击诉求较为丰富，其中超九成是停止侵害，且要求参与环境治理位居其次。

如表 5-12 所示，集体上访和围堵党政企业单位是群体性事件中最常见的冲击方式，个案百分比分别是 43.14% 和 41.18%；其次是阻塞交通和非法集会/游行/静坐/罢课/罢市/绝食等，个案百分比分别是 37.25% 和 33.33%；接下来是打砸抢烧和群体械斗，个案百分比分别是 23.53% 和 21.57%。网上集中抗议的个案百分比为 12.75%，阻挠国家重点工程施工为 4.91%。总体而言，环境群体性事件的冲击方式趋于和缓，但不容忽视的是，打砸抢烧和群体械斗等暴力化冲击方式有一定的比例。

表 5-12 2000—2015 年中国环境群体性事件的冲击方式（多选题）

类型	频数	百分比（%）	个案百分比（%）
集体上访	44	19.64	43.14
围堵党政企业单位	42	18.75	41.18
阻塞交通	38	16.96	37.25
打砸抢烧	24	10.71	23.53

类型	频数	百分比（%）	个案百分比（%）
群体械斗	22	9.82	21.57
非法集会/游行/静坐/罢课（市）/绝食等	34	15.18	33.33
阻挠国家重点工程施工	5	2.23	4.91
网上集中抗议	13	5.80	12.75
其他冲击方式	2	0.89	1.96
总计	224	100.00	219.62

如图5-13所示，环境群体性事件的冲击激烈程度呈现出两极分化的态势，激烈程度一般占46.00%，比较激烈占17.00%，非常激烈占37.00%。反映到环境群体性事件的等级上亦是如此，如图5-14所示，根据《2010年度湖南省群体性事件考评办法》，2000—2015年中国环境群体性事件一般等级占32.40%，较大等级占12.70%，特大和重大等级占比为54.90%，超过一半。在中国，环境群体性事件的特征也受"大闹大解决，小闹小解决，不闹可能不解决"的政府行为模式所影响。因此环境群体性事件一经发生，结果可能会走向极端。

如图5-15所示，环境群体性事件的当地和国内历史类似事件索引性呈现出截然相反的趋势。当地发生过类似事件的比例低于未发生过的比例，大致呈四六开；而国内发生过类似事件的比例远高于未发生过的比例，未发生过的比例仅有5.10%。国内历史类似事件的行为方式和处理结果很容易引起当地民众的效仿，影响社会的正常治安和稳定。因此为避免陷入恶性循环，政府需谨慎处理环境群体性事件。

如表5-13所示，环境群体性事件的冲突诉求首先是停止侵害，个案百分比为93.10%；其次是参与环境治理，个案百分比为48.00%；再次是利益补偿，占41.20%；最后是惩治相关方，占38.20%。除停止侵害占据绝对比重外，参与环境治理、惩治相关方以及利益补偿都占据较大比重，公众冲击诉求较为丰富。且参与环境治理以48.00%的个案百分比位居第二，这一迹象意味着公众环境意识的逐步觉醒，切实保障公众知情权和参与权刻不容缓。

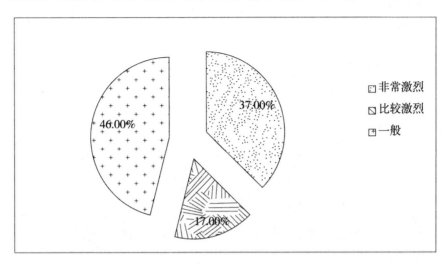

图 5-13　2000—2015 年中国环境群体性事件的冲突激烈程度

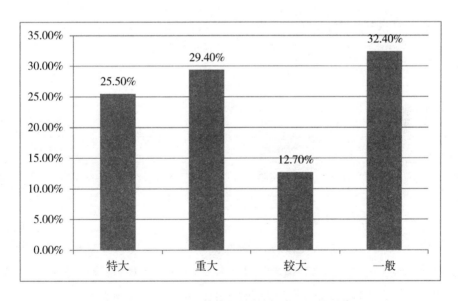

图 5-14　2000—2015 年中国环境群体性事件的等级

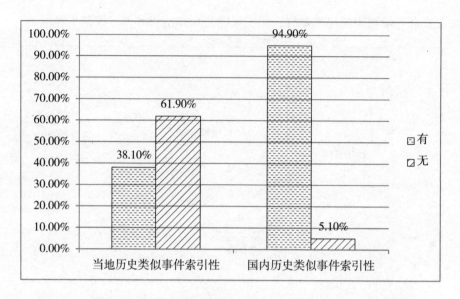

图 5-15　2000—2015 年中国环境群体性事件的当地/国内历史类似事件索引性

表 5-13　2000—2015 年中国环境群体性事件的冲击诉求（多选题）

类型	频数	百分比（%）	个案百分比（%）
停止侵害	95	42.20	93.10
利益补偿	42	18.70	41.20
惩治相关方	39	17.30	38.20
参与环境治理	49	21.80	48.00
总计	225	100.00	220.50

（六）网络媒体参与情况

2000—2015 年中国环境群体性事件中除了口口相传以外，互联网是最重要的民众动员渠道。虽然环境群体性事件中约四成有搜索屏蔽，但超过六成的环境群体性事件的百度词条搜索数在 100 条以上，且持肯定态度的网络言论超过七成。媒体关注度和公众舆论支持是除民众参与力度之外最重要的核心链接资源，且环境群体性事件的辐射能力较强。

如表 5-14 所示，环境群体性事件的民众动员渠道中口口相传个案百分比最大，为 93.10%；其次是互联网，占 30.40%；再次是海报、横幅和传单等纸质材料占 25.50%；最后是电视广播占 6.90%。除口口相传这个主流动员方式以外，互联网这一新兴网络媒体在环境群体性事件中所发挥的动员力量也不可小觑。

表 5-14 2000—2015 年中国环境群体性事件的民众动员渠道（多选题）

类型	频数	选项百分比（%）	个案百分比（%）
互联网	31	19.50	30.40
海报和横幅和传单等纸质材料	26	16.40	25.50
电视广播	7	4.40	6.90
口口相传	95	59.70	93.10
总计	159	100.00	155.90

如表 5-15 所示，环境群体性事件中 39.20% 的比例有搜索屏蔽，60.80% 的比例无搜索屏蔽。在搜索屏蔽占据较大比重的情况下，环境群体性事件的百度词条搜索数除 1 个缺省值以外，10000 条以上占 43.60%，100 条以上超过六成，可见环境群体性事件在网络媒体中呈现出较高的热度。如表 5-16 所示，就网络言论而言，对环境群体性事件持支持态度的超过七成，其中绝大多数支持占比达 58.40%，持否定态度的仅有 5.60%。网络舆论的支持态度无疑为环境群体性事件起到了很好的宣传和扩大作用，同时也影响着环境群体性事件的后续处理。

表 5-15 2000—2015 年中国环境群体性事件的网络敏感度（N=102）

变量	操作测量取值	频数	百分比（%）
网络敏感度	有搜索屏蔽	40	39.20
	无搜索屏蔽	62	60.80

表 5-16　2000—2015 年中国环境群体性事件的网络舆情态度（N=89）

变量	取值	频数	有效百分比（%）
网络舆情呈现的态度	绝大多数支持	52	58.40
	大多数支持	17	19.10
	较为中立	15	16.90
	大多数否定	4	4.50
	绝大多数否定	1	1.10

如表 5-17 所示，环境群体性事件的核心链接资源中民众参与力度个案百分比为 81.30%，是最大核心链接资源；其次是媒体关注度和公众舆论支持，占比分别为 60.40% 和 53.80%；法律法规依据占比最少，为 9.90%。除了民众参与力度以外，媒体关注度以及很大程度上受其影响的公众舆论支持占据很大比重。互联网时代，新闻媒体特别是网络媒体等新兴媒体对环境群体性事件的关注和报道起到了很好的宣传作用。如图 5-16 所示，环境群体性事件的辐射能力较强，除了 12% 的比例未发挥辐射作用，剩余部分均发生了不同程度的辐射，而这很大程度上与网络媒体对事件的报道有关。互联网的普及，为民众迅速接收信息、表达意见提供了快速通道；传统和新兴新闻媒体对事件的捕捉和挖掘带来的大面积报道都为环境群体性事件的辐射发散起到了重要的推动作用。

表 5-17　2000—2015 年中国环境群体性事件的核心链接资源（多选题）

类型	频数	选项百分比（%）	个案百分比（%）
法律法规依据	9	4.80	9.90
媒体关注度	55	29.10	60.40
公众舆论支持	49	25.90	53.80
民众参与力度	74	39.20	81.30
其他的核心链接资源	2	1.10	2.20
总计	189	100.00	207.60

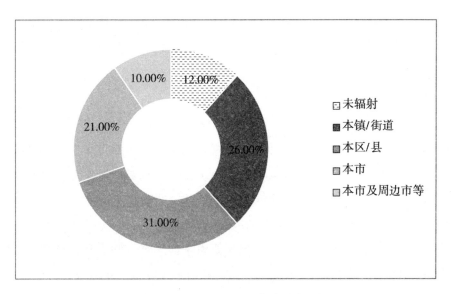

图 5-16　2000—2015 年中国环境群体性事件辐射区域

（七）政府和民众言行表现

环境群体性事件发生的全过程中政府和民众之间的互动大致遵循以下模式：事件发生前，民怨载道，地方政府因知识壁垒无法得到公众理解；事件发生过程中，民众通过大规模的聚众效应给政府和企业形成压力，政府做出积极正面回应；事件发生后，民众和政府间展开积极协商，民众诉求大多得到维护。由此可见，我国环境群体性事件的处理具有很明显的应急性质。

1. 民众表现

在环境群体性事件发生前，民众往往就环境污染所带来的身心健康受损、正常生活受影响、环境生态遭破坏以及集体经济遭受损失等进行抱怨，部分民众还通过电话 、信访等方式向基层政府反映并要求进行经济赔偿。

在环境群体性事件发生现场，民众多以标语、口号的形式提出解决污染问题，捍卫生存权、停产赔偿以及惩治相关人员等诉求，其冲突对象主要是企业，部分包括了基层政府。同时，抗议民众多采取游行、围堵方式表达抗议情绪，也存在打砸抢烧、群体械斗的情况。

在环境群体性事件发生后，经由行政力量的介入，民众情绪逐渐恢复平静。解散聚众队伍，愿意接受政府协调，积极派代表参与协商会议，但仍反复强调民众诉求。

2. 政府表现

在环境群体性事件发生前，政府的言行表现主要有两种，两者比例相当。一是态度消极，或是以提供工作岗位、增加收益以及影响很小等为由对民众进行劝说；或是以不理睬不回应、故意拖延甚至直接驳回等对待民众的上访和意见。二是态度积极，重视民众上访和建议，彻查涉事企业和相关项目。对于合格企业和项目，及时进行项目和企业信息公开，部分还通过召开答疑会、座谈会等形式普及项目情况，但群众由于缺乏专业知识和自身利益考虑依然无法接受；对于不合格企业和项目，政府责令其歇业整改或是闭厂搬迁，但仍存在部分企业不顾政令，顶风作案的情况。

在环境群体性事件发生过程中，政府的言行核心主要是维稳。出动公安干警进行现场秩序维持，拘留带头闹事人员，疏散大部分群众，并对受伤民众进行救治。同时主要领导干部在现场对公众作出解释说明，承诺一定彻查，并对已核实的污染企业和项目现场宣布停工、整改或是搬迁。

在环境群体性事件发生后，一方面，政府积极开展与群众的协调和疏导工作，听取群众意见，同时对有违法抗议行为的人员处拘留和行政处罚；另一方面，对涉事企业和项目展开调查，结果大多是责令其停止、关闭、罚款，并对所在基层政府官员作出处分。

四、环境群体性事件的相关特征分析

环境群体性事件双变量描述性分析将从年份、省份、事件类型、地点性质、项目环评情况、事件辐射区域、参与主体年龄、产业构成、空气质量、水源质量、冲突对象、发起方式、群体规模和冲突激烈程度十四个方面进行两两分析。

事前预防型环境群体性事件多发于城市，主要冲突对象是相关政府部门；在群体规模为特大（1000 人以上）、群体性事件等级为特大和重大时，以事前预防型为主，事前预防型以未曾发生过严重水源污染为主要特点。事后抗争型环境群体性事件高发于农村，主要冲突对象是相关企业工厂；在群体规模为较大（30—299人）、群体性事件等级为较大和一般时，以事后抗争型为主。事后抗争型以曾发生过严重水源污染为主要特点。

环境群体性事件绝大部分无搜索屏蔽。城市和农村均以通过项目环评为主，而城乡过渡地带以未通过项目环评为主。在城市、农村和城乡过渡地带，均以第二产业为主；城市中，曾发生过严重空气污染事件的比例大于未曾发生过严重空气污染事件的比例，而农村和城乡过渡地带相反。

在城市，环境群体性事件以事前预防为主；事件辐射区域主要是本市；冲突对象主要为相关企业工厂及政府部门；群体规模主要以特大（1000人以上）为主，群体规模在300人以上的环境群体性事件占七成；群体性事件等级以重大为主。在农村，环境群体性事件以事后抗争为主；事件辐射区域主要是本镇/街道；冲突对象主要为相关企业工厂；群体规模以较大（30—299人）为主，约占五成，群体规模在300人以下的环境群体性事件约占六成；群体性事件等级以一般为主。在城乡过渡地带，事件辐射区域主要是本区/县和本市；主要冲突对象为相关政府部门；群体性事件等级以特大为主。

无论项目环评情况通过还是不通过，环境群体性事件发生地的土地质量绝大部分未曾发生过严重污染事件。在通过项目环评的环境群体性事件中，群体规模主要以较大（30-299人）为主，冲突激烈程度以一般为主，冲突激烈程度较低，较为缓和；在未通过项目环评的环境群体性事件中，群体规模主要以特大（1000人以上）为主，冲突激烈程度以非常激烈为主，冲突激烈程度较高，冲突较激烈。具体分析见下文。

（一）年份

年份与当地历史类似事件索引性、事件中NGO参与情况、事件辐射区域、空气质量、水源质量和土地质量显著相关。可见，当地历史类似事件索引性、事件中NGO参与情况、事件辐射区域、空气质量、水源质量和土地质量在不同的年份有显著差异。

表 5-18 表明，年份与当地历史类似事件索引性的差异性十分显著，卡方值为 24.717，P=0.016。2003 年、2004 年、2010 年、2013 年和 2015 年环境群体性事件发生地发生过类似事件的比例远大于没有发生过的比例，尤其是 2004 年和 2015 年最为显著；2005 年、2006 年、2007 年、2008 年、2009 年、2011 年、2012 年没有发生过类似事件的比例远大于发生过的比例。

表 5-18　年份和当地历史类似事件索引性的交互分析与检验（%）（N=97）

年份	当地历史类似事件索引性	
	有	无
2003	66.70	33.30
2004	80.00	20.00
2005	33.30	66.70
2006	0.00	100.00
2007	16.70	83.30
2008	14.30	85.70
2009	44.40	55.60
2010	61.50	38.50
2011	18.20	81.80
2012	25.00	75.00
2013	63.60	36.40
2014	0.00	100.00
2015	100.00	0.00
$X^2 = 24.717$　　P=0.016		

表 5-19 表明，不同年份事件中 NGO 参与情况的分布存在显著差异，卡方值为 25.628，P=0.029。环境群体性事件中 NGO 参与情况不容乐观，仅在 2002 年、2003 年、2007 年、2012 年和 2013 年有 NGO 参与，其中仅 2002 年 NGO 参与情况各占一半比例，2003 年有 NGO 参与的比例大于无 NGO 参与的比例，其余均是有 NGO 参与小于无 NGO 参与的比例。可见，NGO 参与环境

群体性事件还需要社会共同努力。

表 5-19　年份和事件中 NGO 参与情况交互分析与检验（%）（N=89）

年份	事件中 NGO 参与情况	
	有	无
2001	0.00	100.00
2002	50.00	50.00
2003	66.70	33.30
2004	0.00	100.00
2005	0.00	100.00
2006	0.00	100.00
2007	16.70	83.30
2008	0.00	100.00
2009	0.00	100.00
2010	0.00	100.00
2011	0.00	100.00
2012	15.40	84.60
2013	10.00	90.00
2014	0.00	100.00
2015	0.00	100.00
$X^2=25.628$　$P=0.029$		

表 5-20 表明，事件辐射区域在不同年份上的分布存在显著差异，卡方值为 84.939，$P=0.008$。2001 年、2002 年和 2015 年，环境群体性事件辐射区域分别为本镇/街道和本区/县、本镇/街道和本市以及本镇/街道和本区/县各占一半比例。可见，环境群体性事件辐射区域多元，且大多数仅在本镇/街道扩散。

表 5-20 年份和事件辐射区域交互分析与检验（%）（N=102）

年份	事件辐射区域				
	未辐射	本镇/街道	本区/县	本市	本市及周边市等
2001		50.00	50.00		
2002		50.00		50.00	
2003		33.30			66.70
2004	40.00		40.00	20.00	
2005	25.00	50.00			25.00
2006		100.00			
2007	16.70	16.70	16.70	33.30	16.70
2008	42.90		28.60	28.60	
2009		22.20	44.40	33.30	
2010		15.40	46.20	7.70	30.80
2011		9.10	63.60	27.30	
2012	5.00	55.00	10.00	25.00	5.00
2013	36.40	18.20	36.40	9.10	
2014			40.00	40.00	20.00
2015		50.00	50.00		
$X^2 = 84.939$　$P = 0.008$					

表 5-21 表明，空气质量在不同年份上的分布存在显著差异，卡方值为21.089，$P = 0.032$。2000—2014 年，曾发生过严重空气污染事件的比例呈现先上升后下降再上升的趋势，总体而言，未曾发生过严重空气污染事件占大部分。

表 5-21　年份和空气质量交互分析与检验（%）（N=89）

年份	空气质量	
	曾发生过严重污染事件	未曾发生过严重污染事件
2003		100.00
2004	50.00	50.00
2005	50.00	50.00
2006		100.00
2007	20.00	80.00
2008	57.10	42.90
2009	55.60	44.40
2010	23.10	76.90
2011	9.10	90.90
2012	11.80	88.20
2013	66.70	33.30
2014	60.00	40.00
$X^2=21.089$　$P=0.032$		

表 5-22 表明，水源质量在不同年份上的分布存在显著差异，卡方值为 30.827，$P=0.001$。2005 年、2008 年、2009 年、2013 年和 2014 年曾发生过严重水源污染事件的比例大于未曾发生过严重水源污染事件的比例，2003 年、2006 年、2012 年均未曾发生过严重水源污染事件，其余年份未曾发生过严重水源污染事件的比例大于曾发生过严重水源污染事件的比例。

表 5-22 年份和水源质量交互分析与检验（%）（N=90）

年份	水源质量	
	曾发生过严重污染事件	未曾发生过严重污染事件
2003		100.00
2004	25.00	75.00
2005	75.00	25.00
2006		100.00
2007	20.00	80.00
2008	71.40	28.60
2009	77.80	22.20
2010	23.10	76.90
2011	45.50	54.50
2012		100.00
2013	55.60	44.40
2014	60.00	40.00
$X^2 = 30.827$ $P = 0.001$		

表 5-23 表明，土地质量在不同年份上的分布存在显著差异，卡方值为 25.793，$P = 0.007$。2003 年、2005—2007 年、2012 年均未曾发生过严重土地污染事件，除了 2013 年曾发生过严重土地污染事件的比例大于未曾发生过严重土地污染事件的比例；其余年份均未曾发生过严重土地污染事件的比例大于曾发生过严重土地污染事件的比例。可见，虽然水源污染和土地污染往往相生相伴，牵一发而动全身，但相较于空气和水源，土地污染的程度较轻微。

表 5-23　年份和土地质量交互分析与检验（%）（N＝89）

年份	土地质量	
	曾发生过严重污染事件	未曾发生过严重污染事件
2003		100.00
2004	50.00	50.00
2005		100.00
2006		100.00
2007		100.00
2008	42.90	57.10
2009	44.40	55.60
2010	15.40	84.60
2011	9.10	90.90
2012		100.00
2013	62.50	37.50
2014	40.00	60.00
$X^2 = 25.793$　$P = 0.007$		

（二）省份

事件辐射区域在不同省份上的分布存在显著差异，如表 5-24 所示，卡方值为 120.220，$P = 0.026$。

表 5-24　省份和事件辐射区域交互分析与检验（%）（N＝102）

省份	事件辐射区域				
	未辐射	本镇/街道内	本区/县内	本市内	本市及周边市等
安徽	33.30	33.30	33.30		
北京			100.00		
福建		37.50	37.50	25.00	

省份	事件辐射区域				
	未辐射	本镇/街道内	本区/县内	本市内	本市及周边市等
甘肃					100.00
广东	11.10	27.80	55.60	5.60	
广西	14.30	42.90	28.60		14.30
海南		50.00		50.00	
河南				33.30	66.70
湖北		33.30	33.30	33.30	
湖南		14.30	42.90	42.90	
江苏		40.00	20.00	40.00	
江西	50.00			50.00	
辽宁		50.00		50.00	
内蒙古				100.00	
青海			100.00		
山东		100.00			
山西	100.00				
陕西	50.00		25.00		25.00
上海	25.00			75.00	
四川		16.70	16.70	50.00	16.70
天津			50.00	50.00	
云南	40.00	40.00			20.00
浙江		33.30	41.70		25.00
重庆			100.00		
$X^2 = 120.220$ $P = 0.026$					

（三）事件类型

事件类型在地点性质、水源质量、冲突对象、群体规模和群体性事件等级上的分布存在显著差异，可见，地点性质、水源质量、冲突对象、群体规模和群体性事件等级与事件类型可能有显著相关性。

事前预防型环境群体性事件多发于城市，主要冲突对象是相关政府部门；在群体规模为特大（1000 人以上）、群体性事件等级为特大和重大时，以事前预防型为主，事前预防型以未曾发生过严重水源污染为主要特点。事后抗争型环境群体性事件高发于农村，主要冲突对象是相关企业工厂；在群体规模为较大（30—299 人）、群体性事件等级为较大和一般时，以事后抗争型为主。事后抗争型以曾发生过严重水源污染为主要特点。

表 5-25 表明，事件类型在地点性质上的分布存在显著差异，卡方值为 12.694，$P = 0.002$。环境群体性事件中，事前预防型城市的比例远大于农村的比例，可见事前预防型环境群体性事件多发于城市，这与以往研究结论也相符；事后抗争型发生于农村的比例远远大于城市的比例，可见，事后抗争型环境群体性事件高发于农村。

表 5-25　事件类型和地点性质交互分析与检验（%）（N=102）

事件类型	地点性质		
	城市	农村	城乡过渡地带
事前预防	53.30	33.30	13.30
事后抗争	19.40	68.10	12.50
$X^2 = 12.694$　$P = 0.002$			

表 5-26 表明，事件类型在水源质量上的分布存在显著差异，卡方值为 6.192，$P = 0.013$。在环境群体性事件的发生地，就曾发生过严重水源污染事件而言，事后抗争型比例远大于事前预防型，可见，在发生过严重水源污染的情况下，事后抗争为主流；而在未曾发生过严重水源污染的情况下，事前预防为主流。

表 5-26 事件类型和水源质量交互分析与检验（%）（N=90）

事件类型	水源质量	
	曾发生过严重污染事件	未曾发生过严重污染事件
事前预防	17.90	82.10
事后抗争	45.20	54.80
$X^2=6.192$ $P=0.013$		

表 5-27 表明，事件类型在冲突对象上的分布存在显著差异，卡方值为 27.612，$P=0.000$。在事前预防型环境群体性事件中，主要冲突对象是相关政府部门，比例占到事前预防型的一半；而在事后抗争型环境群体性事件中，主要冲突对象是相关企业工厂，也占到一半比例；当冲突对象是相关企业工厂和政府部门两者时，事前预防型和事后抗争型所占比例相当。

表 5-27 事件类型和冲突对象交互分析与检验（%）（N=102）

事件类型	冲突对象		
	相关企业工厂	相关政府部门	相关企业工厂及政府部门
事前预防	6.70	53.30	40.00
事后抗争	52.80	11.10	36.10
$X^2=27.612$ $P=0.000$			

表 5-28 表明，事件类型在群体规模上的分布存在显著差异，卡方值为 14.385，$P=0.002$。事前预防型环境群体性事件中，群体规模为特大（1000 人以上）占据半数以上；而在事后抗争型环境群体性事件中，群体规模为较大（30—299 人）约占一半。在群体规模为较大（30—299 人）时，以事后抗争型为主；在群体规模为特大（1000 人以上）时，以事前预防型为主。

表 5-28　事件类型和群体规模交互分析与检验（%）（N＝102）

事件类型	群体规模			
	一般 （5—29 人）	较大 （30—299 人）	重大 （300—999 人）	特大 （1000 人以上）
事前预防	6.70	13.30	16.70	63.30
事后抗争	8.30	47.20	18.10	26.40
X² ＝ 14.385　P＝0.002				

表 5-29 表明，事件类型在群体性事件等级上的分布存在显著差异，卡方值为 11.114，P＝0.011。环境群体性事件等级为特大和重大时，事前预防型比例大于事后抗争性比例，以事前预防为主；而当环境群体性事件等级为较大和一般时，事后抗争型所占比例远大于事前预防型，以事后抗争型为主。

表 5-29　事件类型和群体性事件等级交互分析与检验（%）（N＝102）

事件类型	群体性事件等级			
	特大	重大	较大	一般
事前预防	40.00	40.00	6.70	13.30
事后抗争	19.40	25.00	15.30	40.30
X² ＝ 11.114　P＝0.011				

（四）地点性质

地点性质在事件类型、项目环评情况、事件辐射区域、产业构成、空气质量、冲突对象、群体规模、群体性事件等级和网络敏感度上的分布存在显著差异，可见，事件类型、项目环评情况、事件辐射区域、产业构成、空气质量、冲突对象、群体规模、群体性事件等级和网络敏感度与地点性质有显著相关性。

表 5-30 表明，地点性质在事件类型上的分布存在显著差异，卡方值为 12.694，P＝0.002。农村和城乡过渡地带以事后抗争型环境群体性事件为主，城市虽然事前预防所占比例大于事后抗争，但总体差距不大。在事前预防型

环境群体性事件中，城市大于农村和城乡过渡地带，在事后抗争型环境群体性事件中，农村大于城乡过渡地带和城市。可见，城市以事前预防为主，农村以事后抗争为主。事前预防型地点性质所占比例由大到小依次是城市、城乡过渡地带和农村，而事后抗争型地点性质所占比例由大到小依次是农村、城乡过渡地带和城市。

表5-30　地点性质与事件类型交互分析与检验（%）（N=102）

地点性质	事件类型	
	事前预防	事后抗争
城市	53.30	46.70
农村	16.90	83.10
城乡过渡地带	30.80	69.20
$X^2=12.694$　$P=0.002$		

表5-31表明，地点性质在项目环评情况上的分布存在显著差异，卡方值为6.353，P=0.042。在通过项目环评的情况下，地点性质占比由大到小依次为城市、农村和城乡过渡地带；在未通过项目环评的情况下，地点性质占比由大到小依次为城乡过渡地带、农村和城市。在城市中，通过项目环评的比例远大于未通过的比例，由此可知，城市中以通过项目环评为主；在农村中，有近六成通过和四成未通过项目环评，农村中还是以通过环评为主；在城乡过渡地带中，有近三成通过和七成未通过项目环评，可见，城乡过渡地带以未通过项目环评为主。

表5-31　地点性质和项目环评情况交互分析与检验（%）（N=83）

地点性质	项目环评情况	
	通过	未通过
城市	71.40	28.60
农村	56.80	43.20
城乡过渡地带	27.30	72.70
$X^2=6.353$　$P=0.042$		

表5-32表明，地点性质在事件辐射区域上的分布存在显著差异，卡方值为19.760，P=0.011。在城市，事件辐射区域主要是本市，占四成，其次是本区/县，占三成；在农村，事件辐射区域主要是本镇/街道，其次是本区/县；在城乡过渡地带，事件辐射区域主要是本区/县和本市。

表5-32 地点性质和事件辐射区域交互分析与检验（%）（N=102）

地点性质	事件辐射区域				
	未辐射	本镇/街道	本区/县	本市	本市及周边市等
城市	10.00	13.30	30.00	40.00	6.70
农村	15.30	35.60	32.20	8.50	8.50
城乡过渡地带		15.40	30.80	30.80	23.10
X^2 = 19.760　P = 0.011					

表5-33表明，地点性质在产业构成上的分布存在显著差异，卡方值为20.606，P=0.000。在城市和农村，均以第二产业为主；在城乡过渡地带，也主要以第二产业为主。

表5-33 地点性质和产业构成交互分析与检验（%）（N=102）

地点性质	产业构成		
	以第一产业为主	以第二产业为主	以第三产业为主
城市	10.00	60.00	30.00
农村	35.60	61.00	3.40
城乡过渡地带	46.20	53.80	
X^2 = 20.606　P = 0.000			

表5-34表明，地点性质在空气质量上的分布存在显著差异，卡方值为13.636，P=0.001。城市中，曾发生过严重空气污染事件的比例大于未曾发生过严重空气污染事件的比例，而农村和城乡过渡地带相反。

表5-34 地点性质和空气质量交互分析与检验（%）（N=89）

地点性质	空气质量	
	曾发生过严重污染事件	未曾发生过严重污染事件
城市	59.30	40.70
农村	24.00	76.00
城乡过渡地带	8.30	91.70
$X^2=13.636$　P=0.001		

表5-35表明，地点性质在冲突对象上的分布存在显著差异，卡方值为16.176，P=0.003。在城市，冲突对象主要为相关企业工厂及政府部门；在农村，冲突对象主要为相关企业工厂；在城乡过渡地带，主要冲突对象为相关政府部门。

表5-35 地点性质和冲突对象交互分析与检验（%）（N=102）

地点性质	冲突对象		
	相关企业工厂	相关政府部门	相关企业工厂及政府部门
城市	16.70	30.00	53.30
农村	54.20	15.30	30.50
城乡过渡地带	23.10	46.20	30.80
$X^2=16.176$　P=0.003			

表5-36表明，地点性质在群体规模上的分布存在显著差异，卡方值为16.245，P=0.012。在城市，群体规模为特大（1000人以上）约占四成，其次是重大（300—999人）占三成；在农村，群体规模为较大（30—299人）约占五成，其次是特大（1000人以上），约占三成；在城乡过渡地带，群体规模为特大（1000人以上）约占七成，其次是较大（30—299人），约占三成。可见，群体规模在300人以上的环境群体性事件主要发生于城市，约占七成，300人以下的在城市中约占三成；群体规模在300人以下的环境群体性事件主要发生于农村，约占六成，300人以上的在农村中约占四成。

表5-36 地点性质和群体规模交互分析与检验（%）（N=102）

地点性质	群体规模			
	一般 （5—29人）	较大 （30—299人）	重大 （300—999人）	特大 （1000人以上）
城市	6.70	20.00	30.00	43.30
农村	10.20	47.50	15.30	27.10
城乡过渡地带		30.80		69.20
$X^2=16.245$　P=0.012				

表5-37表明，地点性质在群体性事件等级上的分布存在显著差异，卡方值为14.606，P=0.024。在城市，群体性事件等级以重大为主，占四成；在农村，群体性事件等级以一般为主，约占四成；在城乡过渡地带，群体性事件等级以特大为主，约占六成。

表5-37 地点性质和群体性事件等级交互分析与检验（%）（N=102）

地点性质	群体性事件等级			
	特大	重大	较大	一般
城市	26.70	40.00	6.70	26.70
农村	16.90	28.80	16.90	37.30
城乡过渡地带	61.50	7.70	7.70	23.10
$X^2=14.606$　P=0.024				

表5-38表明，地点性质在网络敏感度上的分布存在显著差异，卡方值为8.141，P=0.017。在城市，网络敏感度为有搜索屏蔽的约占二成，无搜索屏蔽约占八成；在农村，有搜索屏蔽的约占四成，无搜索屏蔽的约占六成；在城乡过渡地带，有搜索屏蔽的约占七成，无搜索屏蔽的约占三成。在城市和农村，有搜索屏蔽的环境群体性事件所占比例远小于无搜索屏蔽的环境群体性事件的比例，而城乡过渡地带相反。可见，环境群体性事件绝大部分无搜

索屏蔽。

表 5-38　地点性质和网络敏感度交互分析与检验（%）（N=102）

地点性质	网络敏感度	
	有搜索屏蔽	无搜索屏蔽
城市	23.30	76.70
农村	40.70	59.30
城乡过渡地带	69.20	30.80
$X^2=8.141$　$P=0.017$		

（五）项目环评情况

项目环评情况在土地质量、群体规模和冲突激烈程度上的分布存在显著差异，可见，土地质量、群体规模、冲突激烈程度和项目环评情况有显著差异。

无论项目环评情况通过还是未通过，环境群体性事件发生地的土地质量绝大部分未曾发生过严重污染事件。在通过项目环评的环境群体性事件中，群体规模主要以较大（30—299 人）为主，冲突激烈程度以一般为主，冲突激烈程度较低，较为缓和；在未通过项目环评的环境群体性事件中，群体规模主要以特大（1000 人以上）为主，冲突激烈程度以非常激烈为主，冲突激烈程度较高，冲突比较激烈。

表 5-39 表明，项目环评情况在土地质量上的分布存在显著差异，卡方值为 4.583，$P=0.032$。在通过项目环评的环境群体性事件中，土地质量以未曾发生过严重污染事件为主；在未通过项目环评的环境群体性事件中，土地质量也以未曾发生过严重污染事件为主。

表5-39 项目环评情况和土地质量交互分析与检验（%）（N=77）

项目环评情况	土地质量	
	曾发生过严重污染事件	未曾发生过严重污染事件
通过	32.60	67.40
未通过	11.80	88.20
$X^2 = 4.583$ $P = 0.032$		

表5-40表明，项目环评情况在群体规模上的分布存在显著差异，卡方值为8.175，P=0.043。在通过项目环评的环境群体性事件中，群体规模主要以较大（30—299人）为主，约占四成，群体规模在300人以上的占比约为六成；在未通过项目环评的环境群体性事件中，群体规模主要以特大（1000人以上）为主，约占六成，300人以下和300人以上群体规模均约占五成。

表5-40 项目环评情况和群体规模交互分析与检验（%）（N=83）

项目环评情况	群体规模			
	一般（5—29人）	较大（30—299人）	重大（300—999人）	特大（1000人以上）
通过	4.20	39.60	25.00	31.30
未通过	8.60	42.90	2.90	45.70
$X^2 = 8.175$ $P = 0.043$				

表5-41表明，项目环评情况在冲突激烈程度上的分布存在显著差异，卡方值为6.261，P=0.044。在通过项目环评的环境群体性事件中，冲突激烈程度以一般为主，约占五成；在未通过项目环评的环境群体性事件中，冲突激烈程度以非常激烈为主，约占四成。由此可知，通过项目环评的环境群体性事件的冲突激烈程度较低，较为缓和，而未通过项目环评的环境群体性事件的冲突激烈程度较高，冲突比较激烈和非常激烈约占七成。

表 5-41　项目环评情况和冲突激烈程度交互分析与检验（%）（N=83）

项目环评情况	冲突激烈程度		
	非常激烈	比较激烈	一般
通过	33.30	12.50	54.20
未通过	42.90	28.60	28.60
$X^2 = 6.261$　$P = 0.044$			

（六）事件辐射区域

表 5-42 表明，事件辐射区域在水源质量上的分布存在显著差异，卡方值为 11.322，P=0.023。曾发生过严重水源污染事件中，未辐射的占 63.60%，位居第一；在未曾发生过严重水源污染事件中，辐射到本镇/街道的占 86.40%，位居第一。

表 5-42　事件辐射区域和水源质量交互分析与检验（%）（N=90）

事件辐射区域	水源质量	
	曾发生过严重污染事件	未曾发生过严重污染事件
未辐射	63.60	36.40
本镇/街道	13.60	86.40
本区/县	41.40	58.60
本市	50.00	50.00
本市及周边市等	20.00	80.00
$X^2 = 11.322$　$P = 0.023$		

（七）参与主体年龄

表 5-43 表明，参与主体年龄在发起方式上的分布存在显著差异，卡方值为 19.545，P=0.003。其中 18 岁以下的未成年群体都是由"某个或几个带头人发起"，这也和未成年参与主体自身的心智不成熟、主见性不强等群体特征息息相关；18—35 岁的参与者则是以"自发呼应并共同发起"为主，以"某

个或几个带头人发起"为辅；36—60 岁的参与主体则以"某个或几个带头人发起"为主，"自发呼应并共同发起"为辅；混合群体相比于其他群体，更有可能由"相关组织发起"，而且是以"自发呼应并共同发起"为主要发起方式，因此在预防中应当加强对混合群体的关注。

表 5-43　参与主体年龄和发起方式交互分析与检验（%）（N=101）

参与主体年龄	发起方式		
	相关组织发起	某个或几个带头人发起	自发呼应并共同发起
18 岁以下		100.00	
18—35 岁		20.00	80.00
36—60 岁		60.00	40.00
混合群体	2.20	11.20	86.50
$X^2 = 19.545$　$P = 0.003$			

表 5-44 表明，参与主体年龄在国内历史类似事件索引性上的分布存在显著差异，卡方值为 13.416，$P = 0.004$。其中 18 岁以下和 18—35 岁参与主体 100.00%有"国内历史类似事件索引性"；36—60 岁参与主体国内历史类似事件索引性较高，为 60.00%；混合群体也高达 96.50%。这一结果说明特定地区同一污染类型的环境问题可能具有关联性和复发性，因此解决相关群体冲突事件的根源在于根治环境污染问题。

表 5-44　参与主体年龄和国内历史类似事件索引性交互分析与检验（%）（N=98）

参与主体年龄	国内历史类似事件索引性	
	有	无
18 岁以下	100.00	
18—35 岁	100.00	
36—60 岁	60.00	40.00
混合群体	96.50	3.50
$X^2 = 13.416$　$P = 0.004$		

（八）产业构成

由表 5-45 可知，产业构成在空气质量上的分布存在显著差异，卡方值为 6.286，P＝0.043。空气"曾发生过严重污染事件"的地区产业构成明显是以第三产业为主、第二产业次之、第一产业最次，而空气质量"未曾发生过严重污染事件"的地区则相反，以第一产业为主的地区占比高达 83.30%，其次是以第二产业为主地区占比也将近三分之二。这说明相关地区经济发展方式可能仍然是以牺牲环境为代价的粗放型发展模式。

表 5-45　产业构成和空气质量交互分析与检验（%）（N=89）

产业构成	空气质量	
	曾发生过严重污染事件	未曾发生过严重污染事件
以第一产业为主	16.70	83.30
以第二产业为主	34.50	65.50
以第三产业为主	60.00	40.00
$X^2=6.286$　P=0.043		

由表 5-46 可以看出，产业构成在水源质量上的分布存在显著差异，卡方值为 6.213，P＝0.045。主体产业层次越高，曾发生水源严重污染事件的比例也越高。具体说来，"以第一产业为主"的地区，曾发生水源严重污染事件的比例为 25.00%，未曾发生的比例为 75.00%；"以第二产业为主"的地区，曾发生水源严重污染事件的比例为 35.70%，未曾发生的比例为 64.30%；"以第三产业为主"的地区，曾发生水源严重污染事件的比例为 70.00%，未曾发生的比例为 30.00%。总体而言，呈现出明显的规律性。

表 5-46　产业构成和水源质量交互分析与检验（%）（N=90）

产业构成	水源质量	
	曾发生过严重污染事件	未曾发生过严重污染事件
以第一产业为主	25.00	75.00
以第二产业为主	35.70	64.30
以第三产业为主	70.00	30.00
$X^2=6.213$　$P=0.045$		

（九）空气质量

由表 5-47 可以看出，空气质量在水源质量上的分布存在显著差异，卡方值为 23.021，P=0.000。曾发生过严重空气污染事件的地区中，有 72.40% 发生过严重水源污染事件；未曾发生过严重空气污染事件的地区中，80.00% 未曾发生过严重水源污染事件。这表明特定污染事件对当地环境的污染可能是整体性的，水源污染和空气污染往往相伴发生。

表 5-47　空气质量和水源质量交互分析与检验（%）（N=89）

空气质量	水源质量	
	曾发生过严重污染事件	未曾发生过严重污染事件
曾发生过严重污染事件	72.40	27.60
未曾发生过严重污染事件	20.00	80.00
$X^2=23.021$　$P=0.000$		

表 5-48 显示，空气质量在土地质量上的分布存在显著差异，卡方值为 24.810，P=0.000。曾发生过严重空气污染的地区中，有 53.60% 的地区曾发生过严重土地污染，而未曾发生过严重空气污染的地区中，高达 93.30% 的地区未曾发生过严重土地污染事件。这也同样说明环境污染事件对当地生态影响的整体性。

表5-48 空气质量和土地质量交互分析与检验（%）（N=88）

空气质量	土地质量	
	曾发生过严重污染事件	未曾发生过严重污染事件
曾发生过严重污染事件	53.60	46.40
未曾发生过严重污染事件	6.70	93.30
$X^2 = 24.810$　$P = 0.000$		

（十）水源质量

水源质量在土地质量上的分布存在显著差异，卡方值为24.428，P＝0.000。表5-49显示的数据，也和表5-47、5-48显示的结果具有一致性。未曾发生过严重水源污染事件的地区中94.70%的地区也未曾发生过严重的土地污染事件；而曾发生过严重水源污染事件的地区中，有50.00%的地区也曾发生过严重的土地污染事件。这进一步说明，空气质量、水源质量、土地质量的状况是相互关联、一损俱损的。

表5-49 水源质量和土地质量交互分析与检验（%）（N=89）

水源质量	土地质量	
	曾发生过严重污染事件	未曾发生过严重污染事件
曾发生过严重污染事件	50.00	50.00
未曾发生过严重污染事件	5.30	94.70
$X^2 = 24.428$　$P = 0.000$		

土地质量在当地历史类似事件索引性上的分布存在显著差异，卡方值为8.285，P＝0.004。表5-50表明，曾发生过严重土地污染事件的地区，当地历史类似事件的索引性比例为63.20%；未曾发生过严重土地污染事件的地区，当地类似事件索引性仅有27.50%，相比于发生过的地区降低了一半以上。

表 5-50　土地质量和当地历史类似事件索引性交互分析与检验（%）（N=88）

土地质量	当地历史类似事件索引性	
	有	无
曾发生过严重污染事件	63.20	36.80
未曾发生过严重污染事件	27.50	72.50
$X^2=8.285$　P=0.004		

（十一）冲突对象

冲突对象在群体规模上的分布存在显著差异，卡方值为 17.852，P＝0.007。表 5-51 显示，以"相关企业工厂"为冲突对象的事件群体规模以"30—299 人"的较大规模为主，占 47.50%，以"相关政府部门"为冲突对象的事件群体规模以"特大 1000 人以上"为主，占 45.80%；以"相关企业工厂及政府部门"为冲突对象的事件，群体规模也以"特大 1000 人以上"为主，占比达一半。

表 5-51　冲突对象和群体规模交互分析与检验（%）（N=102）

冲突对象	群体规模			
	一般 （5—29 人）	较大 （30—299 人）	重大 （300—999 人）	特大 （1000 人以上）
相关企业工厂	12.50	47.50	20.00	20.00
相关政府部门	4.20	16.70	33.30	45.80
相关企业工厂及政府部门	5.30	39.50	5.30	50.00
$X^2=17.852$　P=0.007				

（十二）发起方式

发起方式在事件中 NGO 参与情况上的分布存在显著差异，卡方值为 6.532，P＝0.038。表 5-52 显示，"相关组织发起"的事件中，50.00%的事件有 NGO 参与，"某个或几个带头人发起"的事件中，有 15.40%的事件有

NGO 参与其中；而"自发呼应并共同发起"的事件中仅有 5.40% 的事件有 NGO 参与其中。

表 5-52　发起方式和事件中 NGO 参与情况交互分析与检验（%）（N=89）

发起方式	事件中 NGO 参与情况	
	有	无
相关组织发起	50.00	50.00
某个或几个带头人发起	15.40	84.60
自发呼应并共同发起	5.40	94.60
$X^2 = 6.532$　P = 0.038		

（十三）群体规模

群体规模在群体性事件等级上的分布存在显著差异，卡方值为 37.769，P = 0.000。由表 5-53 可知，事件级别越高，群体规模也呈逐渐增大的趋势。"一般（5—29 人）"群体规模主要见于一般性群体事件，占比达到 50.00%；"较大（30—299 人）"和"重大（300—99 人）"群体规模也是一般群体性事件中较为多见的，占比分别为 50.00% 和 38.90%；"特大 1000 人以上"群体规模则主要见于"特大"和"重大"群体性事件，占比分别为 50.00% 和 42.10%。

表 5-53　群体规模和群体性事件等级交互分析与检验（%）（N=102）

群体规模	群体性事件等级			
	特大	重大	较大	一般
一般（5—29 人）	12.50	12.50	25.00	50.00
较大（30—299 人）	10.50	21.10	18.40	50.00
重大（300—999 人）	11.10	27.80	22.20	38.90
特大（1000 人以上）	50.00	42.10		7.90
$X^2 = 37.769$　P = 0.000				

（十四）冲突激烈程度

冲突激烈程度在群体性事件等级上的分布存在显著差异，卡方值为 39.277，P＝0.000。表 5-54 表明，群体性事件等级越高，冲突也相应地越激烈。具体而言，非常激烈的冲突最多见于特大群体性事件，占比达 44.70%；比较激烈的冲突最多见于重大群体性事件，占比超过一半；一般冲突则主要是在一般群体事件中比例最高，达 61.70%。

表 5-54　冲突激烈程度和群体性事件等级交互分析与检验（%）（N＝102）

冲突激烈程度	群体性事件等级			
	特大	重大	较大	一般
非常激烈	44.70	34.20	13.20	7.90
比较激烈	23.50	52.90	17.60	5.90
一般	10.60	17.00	10.60	61.70
$X^2＝39.277$　$P＝0.000$				

冲突激烈程度在当地历史类似事件索引性上的分布存在显著差异，卡方值为 7.034，P＝0.030。由表 5-55 可知，非常激烈的群体性冲突事件有"当地历史类似事件索引性"比例为 23.70%；比较激烈的群体性冲突事件有"当地历史类似事件索引性"比例为 35.30%；一般的群体性冲突事件有"当地历史类似事件索引性"比例为 52.40%。这表明非常激烈的冲突性事件具有突现性，而一般群体性事件在一地的发生则有一定的关联性和连续性。

表 5-55　冲突激烈程度和当地历史类似事件索引性交互分析与检验（%）（N＝97）

冲突激烈程度	当地历史类似事件索引性	
	有	无
非常激烈	23.70	76.30
比较激烈	35.30	64.70
一般	52.40	47.60
$X^2＝7.034$　$P＝0.030$		

冲突激烈程度在网络敏感度上的分布存在显著差异，卡方值为 9.142，P = 0.010。表 5-56 表明，激烈程度较高的群体性事件，网络敏感度也相应较高；具体而言，非常激烈的群体性事件中有 52.60% 的"有搜索屏蔽"，比较激烈中也有 52.90% 的事件"有搜索屏蔽"，而一般的群体性事件中仅有 23.40%"有搜索屏蔽"。

表 5-56　冲突激烈程度和网络敏感度交互分析与检验（%）（N=102）

冲突激烈程度	网络敏感度	
	有搜索屏蔽	无搜索屏蔽
非常激烈	52.60	47.40
比较激烈	52.90	47.10
一般	23.40	76.60
X^2 = 9.142　P = 0.010		

当地历史类似事件索引性在网络舆情上的分布存在显著差异，卡方值为 12.698，P = 0.013。由表 5-57 可知，有当地历史类似事件索引性的群体性事件，网络舆情的分化较为明显，而且有 62.50% 的事件拥有"绝大多数支持"，但也有 12.50% 的事件被网络舆情持否定态度；相比之下，无索引性事件则更多的人持中立偏支持的态度，极少有人持明确反对的态度。

表 5-57　当地历史类似事件索引性和网络舆情交互分析与检验（%）（N=89）

当地历史类似事件索引性	网络舆情				
	绝大多数支持	大多数支持	较为中立	大多数否定	绝大多数否定
有	62.50	15.60	6.30	12.50	3.10
无	56.10	21.10	22.80		
X^2 = 12.698　P = 0.013					

综上所述，本章基于 2000—2015 年 102 起影响较大的环境群体性事件案例样本，对环境群体性事件的发生、传播进行实证研究。研究发现，2000—2015

年我国环境群体性事件的发生数量经历了从迅速上涨到逐渐回落的历程。环境群体性事件多为事后抗争类型，地域分布广泛，以东部地区居多，其中农村地区是高发地。这些环境群体性事件往往组织化程度较低，抗争方式具有效仿性，并且虽然主要冲击方式趋于和缓，但在事件发生过程中可能向极端方向发展。同时我国环境群体性事件的处理具有很明显的应急性质。值得注意的是，互联网等新兴媒体在环境群体性事件的宣传和动员等方面发挥着越来越重要的作用。

第六章

案例分析：近期中国环境邻避事件

　　上一章基于收集的数据总结事件的普遍性特征，本章将基于两起群体性环境事件深描分析政治机会结构中的环境抗争事件以及环境邻避事件。案例文献信息资料的搜集、深度访谈与实地观察是本章资料的主要收集方法，整理访谈录音、网页资料、新闻报道、群体抗争行动现场视频与录音等资料，了解整个环境抗争事件过程，包括事件的发生、抗争者所采取的行动与策略、抗争者与抗争对象之间的典型互动等。案例一具体地结合政治机会结构理论进行深入分析，探索环境困境促使环境抗争发生的实践逻辑。案例二即通过宁乡反焚事件讨论分析环境群体性邻避机制。

一、绿色化环境政策过程中的政治机会：M 街道高压变电站建设①

（一）案例介绍

本案例为 2015 年长沙 M 街道的环境事件。民众反对高压变电站建设的环境抗争事件在我国并不鲜见，多地发生类似事件且事件发生的原因多有相同之处。因此，我们认为此次选取长沙该个案具有一定的代表性。

1. M 街道简介

M 街道处于城市中新城区开发的重点片区。该重点片区总规划面积 32 万

---

① 郭岩升. 环境政策过程中环境抗争的政治机会 [D]. 长沙：中南大学，2017.

平方千米，区域内有长沙市区较大的人工湖3000亩，毗邻长沙著名风景区岳麓山，拥有现代城市圈中难得的山水环境，先天环境资源非常优越。该重点片区是国家"两型社会"综合配套改革的示范区，因此，在城市规划初始便定位为"国家级绿色低碳示范新区，长沙未来城市中心"。2007年地方政府投资600亿在重点片区内启动多项开发项目，项目包括防洪、生态产业、文化旅游和高档住宅等。城市规划建设始终贯穿"绿色生态城"理念，并建立了详尽的低碳生态城市建设指标体系，先导区也被作为中国绿色生态城市规划设计与建设运营的典型个案放在国际会议上进行研讨。国际新城也先后获批"全国绿色生态示范城区"和"国家智慧城市创建试点城区"与"中国人居环境范例奖"等城市发展荣誉。

得天独厚的区位、环境优势等使这里的房地产产业快速发展，自然也吸引了大量的购房者。M街道成立于2007年，到2015年街道下辖2个社区5个村，常住人口1.8万人。财政总收入从2011年的6000万元到2015年突破40000万元，连续5年实现跨越式增长，街道连续3年被评为长沙市经济社会发展十强街道。

2. 业主联合环境抗争事件概要

M街道下辖社区中包含两个安置小区与普通住宅小区R、X、Q。安置小区的居民大多是原址拆迁村民，而其他三个小区基本是业主自己置业。因为属于城市建设新区，又有优越的居住环境，因此此处的房价在长沙市也属于较高水平，很多业主也正是看中了这里的居住环境以及优越的配套资源设施而不惜花重金在这里置业。这五个小区共享一片较大的公共绿地——Y公园，该片绿地也是周边小区共享的唯一一块较大的公共绿地。Y公园呈三角形，占地约25亩，与上述五个小区多为一条马路相隔，并与两所学校相邻。此次多小区业主联合环境抗争的焦点也是围绕该片公共绿地而产生。经调研获知，小区中更靠近公园的房子的价格比距离稍远的房子要高一些。因此，这部分业主在环境抗争中表现得更为积极一些。

事件背景。新城区建设始，M街道陆续入驻多个房地产开发商企业开发出售楼盘。根据对多位业主访谈得知，在业主购买房屋时，开发商所示楼盘规划图中，Y公园所在位置只标识为"绿地"，公园定位也是为居民提供户外休闲场所。部分业主正是看中了这样一片公共绿地所营造的良好居住环境，才更加愿意出比其他位置更高的价格购买了靠近公园的房子。在2013年业主们陆续入住之后，Y公园的确也成为周边小区业主集中休闲娱乐的重要场所。

2015年12月1日，长沙市城乡规划局官方网站公示了"M国际新城一期控制性详细规划"（以下简称"控规"）。这一公示内容引起了M街道小区业主们的广泛注意。在公示中，平日里令大家最满意的公共休闲绿地——Y公园的东南角规划建设一座110KV高压变电站。变电站是城市生活中不可或缺的公共基础设施。但同时变电站也存在着噪声、电磁辐射等外部性问题。针对电磁辐射，国家制定了《中华人民共和国电磁辐射防护规定》等专项法规对电磁辐射防护的安全距离等做了相应规定。

在Y公园内建立这样一座高压变电站，引起业主们的极大恐慌，并存在广泛异议。业主们认为变电站的建设将极大地危害到居民的身体健康，故表示强烈反对建立变电站。一些业主也立即行动起来，他们先后按照"控规"公示中提供的居民意见反馈渠道电话及邮件等方式向政府规划部门进行问题反映，拨打市长热线，到政府信访部门上访，业主联合签署请愿书等。业主们多方反馈意见，或是反馈无果或是得到回应"将充分考虑市民意见"，收到正面答复被推迟。业主们一方面积极反馈意见；另一方面，通过广发传单及各小区内部已建立的业主维权QQ群等方式与渠道建立起此次环境抗争的更广泛的联盟群体。在多方投诉效果不明显的情况下，多个小区业主联合发起了多次集体抗争行动。

2015年12月27日，业主们发起了在M街道内环绕Y公园的公路上集体散步的行动。通过QQ群、微信群及在小区大门张贴通告等方式，号召近百名业主参加此次活动。业主们手持抗议标语，喊着抗议口号。集体散步大约持续两小时。此次集体散步行动结束后，业主们获得了与当地政府有关部门正式的面对面直接沟通的机会。当地政府国土规划部发布"关于组织推选M国际新城110KV科技变周边小区业主代表的函"，函中拟定于2016年1月15日举行与业主的沟通对接会。沟通对接会如期在当地政府国土规划部部门会议室举行，5个小区共有7名业主代表参加了此次会议。会议室外也挤满了自愿前来的业主。会议进行期间，能够不断地听到屋外业主们的抗议声。在会议结束时，由于工作人员没有给出明确停建的结果，业主们在楼道中集体围堵从会议室出来的政府部门代表，大声高喊："我们要结果！"最终在警察的调解与疏散下，业主们逐渐散去。

在业主们多方集体抗争行动的努力下，当地政府表示由于当前已建立的变电站设备暂时能够满足居民的生活用电需求，所以变电站暂缓建设。

上文从宏观的国家环境政策制定与执行等过程论述了当前我国环境抗争行动所面临的情况。它们或是为公众提供直接表达利益诉求的制度管道和途径，或是为公众在环境抗争中提供策略性工具。在接下来的章节中，本研究将继续结合实际案例，对民众利用环境政策过程中的政治机会进行环境抗争做具体分析。

（二）事件的导火索：一份迟到的"控规"公示

一份迟到的"控规"公示内容引发广大业主们的不满，周边小区业主共享的唯一一片公共绿地——Y公园东南角拟建立一座110KV高压变电站。起初，在业主购买房屋时，业主从房产公司这一主要信息获取来源渠道得知，Y公园所在位置为完整的公共绿地，且是纯粹的绿地用地性质。直到现在，房产公司提供的楼盘地理位置示意图中，Y公园标识处都没有任何更改。一些业主为靠近公园，有更好的生活环境，而以比其他地段更高的价格购买了公园附近楼盘。然而，"控规"的公示，告知业主们公园将不再是完整的，且一些业主本想离公园更近些，这下却是离变电站更近了。出于对身体健康的担忧，业主们表示强烈的反对。一方面这与业主们在购买房屋时被告知的信息相悖；另一方面，对于将变电站这样的敏感设施建设在居民居住密集区，业主们认为这样的规划本身就不合理。当地政府规划部门的解释为，"控规"早在2011年便已经由国家审批通过，不是事后规划；且规划是经过科学论证的，变电站的位置与各居民楼的距离都处于安全距离范围之内，是合理规划。但业主们对政府的解释与回应并不信服。

城市发展规划的"绿色"定位,"生态城""绿色低碳新区"等建设理念一定程度上反映出环境考量在上级政府综合决策中的重要地位。各级政府进行大力宣传、话语渲染的同时也向当地社会公众释放了重要的政策信号,事实上是形成了一种面向公众的"环境政策承诺"。部分市民也是在这样一种政策理念导向与影响下选择于此置业定居。本获悉可以共享一片完整的绿地,却最终被告知要修建敏感设施高压变电站,业主认为政府在背离当初的"环境政策承诺"。"何为生态宜居城? M 新城别的地方不说,就拿这附近 7 个小区来讲,总人口将达 3 万人,仅有 Y 公园这一小小的 20 多亩的小公园。很不幸的是,这个小公园也快保不住了……我想这点就违背了生态新城的设计大理念! 大方向!"一位业主代表在与政府相关部门的"谈判会议"上这样说。另一方面,业主们质疑政府方面声称拟规划建立的变电站"控规"早已由国家审批通过,为什么不及时进行公示。对于存在高压变电站这样的敏感设施的建设规划业主们在购房时竟然不知情,就这样,业主们将抗争的矛头指向了地方政府,维护地方政府的背离承诺与未及时公布导致即将受到侵害的环境权益。

(三) 业主抗争的起因:环境隐忧

业主们强烈抵制高压变电站建设的主要原因是对变电站所产生的电磁辐射及噪声等可能对身体健康产生的危害的担忧。对于变电站设施产生的电磁辐射管理有相应的法规进行规范,但缺乏国家统一权威标准。对变电站建设的安全距离尚存在争议,使得民众产生心理担忧。

目前,我国有关电磁辐射管理出台的国家法规主要有:1987 年国家卫生和计划委员会批准通过的《环境电磁波卫生标准》、1988 年国家环境保护局发布的《电磁辐射防护规定》及 1997 年国家环境保护局发布的《电磁辐射环境保护管理办法》等。这三部法规都属于电磁辐射防护的国家标准。其中,《电磁辐射环境保护管理办法》中明确地将"电压在 100 千伏以上送、变电系统"列入电磁辐射建设项目和设备管理的名录。

经过近 20 年的发展,我国关于送变电设施电磁辐射限制仍然没有出台国家标准，依旧沿袭使用旧的行业标准。同时，近些年来，信息传播加速，关于高压变电站安全事故诸见报端，反高压变电站建设环境抗争事件越发频繁。在这样既没有国家权威标准，对现有施行政策标准也未进行广泛科学宣传，加之已有环境抗争事件传播的影响下，民众对高压变电站诚惶诚恐，产生一种"宁可信其有，不可信其无"的担忧心理，从而引发强烈反对抵制的行为。

（四）集体抗争行动的发酵：制度管道的梗塞

在被告知 Y 公园拟建设高压变电站之后，业主们便立即开始通过各种渠道反馈意见。城市新区"控规"的公示公开了政府工作基本内容，同时也为公众提供了表达诉求、反馈意见的途径，包括电子邮箱、传真、电话、来信反馈等。此外，还有地方政府社会治理常设的民众诉求表达渠道，如市长热线、问政湖南网络平台、信访制度等。民众用尽了上述所有途径，但收效甚微。

访谈对象 1：个体户，马某，32 岁，居住在安置小区

> Y 公园要建变电站了，消息立马就在小区中间传开了。其实我们这几个小区经常有业主维权的事情，所以我们早就建立了 QQ 群、微信群。这次也是，我们还专门建立了一个反对建变电站的维权群，群里有我们好几个小区的业主。我们在群里讨论这个事情怎么解决。一开始由业主去找开发商赔偿，我们很多业主认为这是开发商虚假宣传，结果他们说"我们也不知道这里要建变电站"。他们这样说，我们也没有办法，那就只找政府。我们照着那个公示里说的电话和邮箱反映问题。我们采用了很多途径，在规划局网站留言，大湘网、红网发帖，业主联合签名，写请愿书。有一次我们去规划局，就把我们将近 3000 名业主联合反对建变电站的签名给了那个工作人员。我们有业主还联系了新闻媒体，湖南经视、湖南都市都来现场采访过。还有业主一个人或几个人一起去上访的。反正办法是想了很多。一开始公示的时候，很多业主就表达了很强烈的抗议，直到

第一次公示期结束之后，政府也没有明确说到底怎么解决，对于我
们业主的意见到底怎么处理，这个变电站到底还建不建。就这么一
直耗着，那我们业主就等不及了。于是就有业主号召我们一起去
游行。

当前我国政府能力供给与公民参与需求仍处于非均衡状态，形成政体的
"相对封闭"格局①。案例中反映，民众还是拥有很多直接表达利益诉求的制
度途径，这说明当前政府决策吸纳公众参与的制度体制或政策体制还是较为
开放的，民众拥有很多个表达诉求的入口。而且在既有制度管道下，民众也
还是会首先选择通过正常的体制内的渠道去表达诉求、维护权益。但现实是
这些制度管道并没有发挥最大的效用，形成梗塞。民众在获取有效参与结果
方面仍然与主观期望不匹配，进而产生集体抗争行为，政府自此陷入被动
状态。

(五) 抗争中的理据

在环境抗争事件始终，民众一直坚信合理的抗争理据。综合业主访谈资
料及业主代表与政府"谈判"会议视频、录音及文本资料分析可知，政府方
面一直坚持的意见是：第一，关于新区建设的城市规划早在 2011 年就已经由
国家审批通过，规划是不能随便修改的。也就是说变电站在 2011 年规划中就
已经存在，在三角形的地带中，一半是公园，一半是变电站的用地，变电站
属片区配套，并不存在问题。第二，城区发展有刚性的用电需求。小区业主
陆续入住，各种配套设施相应启动，已有供电设施很快就会满足不了居民的
用电需求，因此需要建立这样一个变电站以方便人们的生活。第三，变电站
的建设是已经通过环境影响评价的，与各居民住宅楼的距离都是处于安全范
围之内的，并没有什么危害。业主们拒绝采信，他们针对政府的意见提出以
下三点抗辩理由。

---

① 洪大用. 理论自觉与中国环境社会学的发展 [J]. 吉林大学社会科学学报, 2010, 50
(03): 109-116, 159.

1. 环境影响评价中公众参与不足

1997 年国家环境保护局发布的《电磁辐射环境保护管理办法》中第十一条规定："从事电磁辐射活动的单位和个人建设或者使用《电磁辐射建设项目和设备名录》中所列的电磁辐射建设项目或者设备，必须在建设项目申请立项前或者在购置设备前，按本办法的规定，向有环境影响报告书（表）审批权的环境保护行政主管部门办理环境保护申报登记手续"，有审批权的环境保护行政主管部门作出相应处理意见。因此，对于列入《电磁辐射建设项目和设备名录》中的"电压在 100 千伏以上送、变电系统"建设项目应履行环境影响报告书审批手续。而在具体行业标准《环境影响评价技术导则 输变电工程》（该规范也可应用于 110KV、220KV 以及 330KV 送变电工程电磁辐射环境影响评价）中规定环境影响评价内容中必须包括公众参与，具体有：送电线路径选线过程中的公众参与、专项调查的公众参与及公众参与调查的结果。然而在此案例中，作为政策实施对象的业主们自始至终说对拟建设高压变电站项目的规划并不知情，更没有参与过环境影响评价过程。在当地政府公布的另一项"控制性详细规划环境影响报告书"中的"规划环境影响评价指标体系"中"生态环境保护与可持续发展能力建设"这一环境要素，又包括"公众对城市环境的满意率"这一具体评价指标，该指标规划要求达到 80%。民众关心政府满意度调查如何开展。

访谈对象 2：王某，32 岁，公司职员，有一个刚满月的孩子

我们业主做了很多努力获得了一次与政府"谈判"的机会。那次我还是专门从单位请了假去做代表参加会议。其实作为老百姓，我们谁也不愿意每天没事往政府跑，但是我认为我有责任为我自己、为我的家人、为我的小区、为周边的人，主张我们的正当权利。

谈判的时候，政府告诉我们说建变电站的规划早就在 2011 年国家审批通过了，并且环评也通过了。后来我们就把相关的两个文件都打印出来了，我们仔细看了环境影响报告书，那里边有一个"生态环境保护与可持续发展能力建设"指标提到要使"公众对城市环

境的满意率"达到 80%。那么我们就想问，这个指标要怎么达到？我们很关注政府部门对居住在这里的业主们的满意度调查是怎么实施的。政府说当时做了环评调查，那我们就认为，在规划通过的时候，这边都还没什么住户呢！在 2013 年后业主们才陆续入住，那么政府在做环评调查的时候是找的哪些人？政府真正应该听取的是我们的意见，我们才是一直要在这里生活的人。政府要是现在做调查，我相信我们这里没有几个业主会同意的，早知道是这样我们一开始更不会在这里买房。

2. 政府未能充分落实政策实施中的监管责任

业主们冲着城市新区的优质资源而不惜花重金置业。很多业主反映，买房的初衷是看中了当地的教育和好的生活环境。在走访多位业主了解到，业主当初在购房时，房产公司最初宣传 Y 公园处有一地铁口，方便出行。入住后发现并没有迎来地铁口，他们解释道是因为地铁线路进行了更改。在 2015 年 8 月，Y 公园内开始建设垃圾压缩站，已经打桩施工，在业主们强烈的抗议之下项目被停止建设。转眼到 12 月，一份"控规"公示，业主们又被告知公园内要建高压变电站了。这与业主们当初购房所获得信息大相径庭，所以业主们才会有被"欺骗"之感。对于环境政策具体落实、房产公司的不实宣传，政府未能及时进行监管，从而也使自身陷入了被动地位。

访谈对象 3：律师，男，孙某

因为我本人从事律师这个行业，业主有什么问题就会问我怎么处理，我就会给出一些合法化、合理化的意见。当我听到变电站的事情后，我认为不应该走向一个极端的方向。我给出的合理化建议、法制化的途径是，第一，找开发商索赔，因为重大事项没有告知，或者你认为他故意不告知，形成了欺诈，或者你认为因为他的疏忽自己受到了误导，但他并不是有意欺诈。这样至少我认为房子周边是个公园，变电站和这个就完全是两码事。我是花费了公园附近的房价，我就要求以这个合同法追究索赔或者退房。第二，就是我们向政府部门反映修改这个规划，变电站可以建到别的地方去。当时我们的主要切入点就是高压变电站的安全性能不能得到保证。这周围居民小区比较多，建变电站是有规定的，距居民小区有一定的距离，当然这个距离它并没有违法。但是至少周边都是学校，C 中学，这里还是 D 学院，那边马上又是 Y 中学。孩子们上下学，周围的住户和经常在公园里散步锻炼的居民的安全还是应得到慎重考虑。

3. 政府政策执行缺乏统一性与权威性

一方面，业主们表示同意建高压变电站的刚性需求，但是不同意这样的规划。按照当地政府给出的解释，无论是垃圾压缩站还是高压变电站它们都属片区配套，在城市建设初始规划中就已存在。然而就是由于政府未能及时进行政策的公示，及在对开发商宣传中涉及有关政策的部分未能及时进行监督，民众认为是政府在不断修改规划、不断地改变政策，一时要建垃圾压缩站，一时要建高压变电站。另一方面，在当前针对送变电系统建设缺乏国家权威标准的情况下，民众对地方政府及电力公司方面给出的无伤害理由并不能信服。

访谈对象4：家庭主妇，李某，50 岁，在家照看孙子

社会发展要以人为本，因此建变电站更应尊重我们老百姓的意见。政府曾公开承诺要为居民建设 20 座公园，如果说规划不能改，那么已经建好的公园又要建变电站，一边拆一边建，这个钱投得就值吗？再说这周围好多小区，是人口密集区，又有学校，公园是孩子们上下学必经之路，每天早上还有很多老年人在这里锻炼身体，没事的时候家长也会领孩子到这儿转转。这要把变电站建到公园里了，谁能保证每一个人的安全？这样的规划一点都不合理。

访谈对象5：职员，张某，孩子在 Y 公园附近小学读书

政府跟我们说规划是早就审批通过的不能修改，但是我们觉得这个规划就是在一直修改。在以前我们买房的时候，开发商一开始宣传 Y 公园那里是地铁口，结果地铁也没有修过来，说是地铁六号线线路改了。前一段时间，Y 公园里又准备修垃圾站，都已经有人开始在那里打桩施工了，这也是被我们业主发现了，就联合起来反对了好久，又是找施工单位又是找政府，最后终于得到回复同意说不建垃圾站了。这最近又说要在这里建变电站，我们业主真的是不能接受。这里是国家级生态新区，但人均绿地指标一降再降。我们很多业主集中财力甚至透支在这里买房，不管政府有无规划，还是开发商有意隐瞒，总之业主不知道这里又是要建垃圾站又是要建变电站的事。业主花巨额资金置业，业主的损失谁来赔偿？

访谈对象 6：家庭主妇，赵某，欲生二胎

建高压变电站，我们业主主要还是担心电磁辐射。而且这个变电站还要建在公园内。这下建了变电站谁还去公园。这几年发生在全国的业主反对建变电站的事情好多，北京、武汉、广州，而且新闻报道有关变电站爆炸、起火的危险事故也很多，就是他们电力内部的人也会写文章研究高压变电站的电磁辐射危害问题，这方面的研究论文我们也有业主收集了。所以我们业主觉得在这样人口密集区建变电站是很危险的。现在国家放开二孩了，住在这里的好多年轻夫妇都想着要二胎呢，大家都很担心孩子的健康。

（六）绿色化环境政策过程中的政治机会

在我国，环境治理事业经历了一个曲折发展的过程，20 世纪 70 年代环境治理才逐渐引起广泛的注意，因此，环境抗争的政治机会也是在历史发展中逐渐衍生并改善。本研究从"绿色化"的国家发展观、开放的环境政策体制、碎片化的政策执行三方面具体阐述当前我国环境抗争所面临的政治机会。其中，"绿色化"的国家发展观使民众可以利用与意识形态相一致的权利话语构建起环境抗争的合法性与合理性，并利用官方话语扩大得到有利结果的机会①；政策制定所形成的开放体制则直接为民众维护利益或权利提供了制度管道与途径；而碎片化的政策执行则反映出基层政府与高层政府之间的关系张力，这也是环境抗争发生的主要原因。

1. "绿色化"的国家发展观

环境政策深刻体现着一定时期国家权力机关或决策者在环境保护方面的意志、取向和能力。② 因此，一定时期内的国家治理理念、发展观是环境政策制定的理论依据，对政府和社会公众的行为形成重要的导向作用。新中国成立以来，我国的国家发展观处于不断演变之中，渐趋绿色化的阶段性提升，其大致经历从片面的发展观到全面的发展观至科学发展观的转变。

片面的发展观。这一阶段主要始于新中国成立初期至 20 世纪 90 年代初。其中又以 1978 年为重要分界点，在这之前国家以快速实现现代化为发展目标，大力发展重工业。环境问题一直被忽视，受 1972 年斯德哥尔摩世界环境会议推动，1973 年我国召开了第一次全国环境保护会议，通过了新中国成立以来第一个关于环境保护的法规性规定，被认为是翻开了我国环境治理事业的新篇章。有关环境保护与环境治理的法规政策等陆续出台。改革开放之后，环境治理事业也蓬勃发展。如 1979 年正式通过第一部环境保护法律——《中华人民共和国环境保护法（试行）》，1983 年召开的第二次全国环境保护会议上，确立了环境保护基本国策的地位等，但在当时国家综合国力落后、工业化起步阶段加速发展的社会发展背景下，环境治理还是被经济至上的发展观湮没。

---

① 韩志明. 公民抗争行动与治理体系的碎片化——对于闹大现象的描述与解释 [J]. 人文杂志，2012（03）：163-171.

② 程昆. 新时代预防和化解社会矛盾的基本理论研究 [J]. 社科纵横，2018（07）：81-85.

全面的发展观。1992 年，联合国环境与发展大会上"可持续发展"理念引领全球发展理念的革新。"可持续发展"是对传统经济建设、社会发展与环境保护关系的重新定义，其仍然支持经济增长，并不是因为要对环境施行保护就取消了经济增长，该理念强调新的思维是经济与社会的发展要能够同自然环境的承载能力相平衡，要通过转变发展模式，从人类发展的源头、从根本上解决环境问题。在该国际会议之后，我国便出台了《关于出席联合国环境与发展大会的情况及有关对策的报告》提出了中国环境与发展的十大对策，涉及工业污染防治、产业及能源结构调整、环境教育、法制、生态农业、科学研究、城市治理等方面。1994 年通过的《中国 21 世纪议程——中国 21 世纪人口、环境与发展白皮书》，更是以我国社会发展的总体情况为出发点，提出了促进中国可持续发展的战略目标。

科学发展观。2005 年，国务院颁布了《关于落实科学发展观加强环境保护的决定》，对我国未来 15 年乃至更长一段时期内的环境保护与经济发展的问题作出了长远规划。① 科学发展观是可持续发展理念的延伸，是坚持以人为本，全面、协调、可持续的发展观，其中包括统筹人与自然和谐发展的重要内容。科学发展观对现代社会发展的重要影响作用是，它试图使人们从最根本的思想观念上建立起对环境的科学认知，并相应地在权力机关制定政策时将环境考量与经济社会发展规划相统筹，通过发展循环经济等方式，实现经济、环境与社会效益的最大化。在科学发展观的指导下，2006 年，我国进一步提出推进形成主体功能区的战略构想，促进人口、经济资源环境协调发展；2007 年明确提出节能减排，发展低碳经济。在第十七届全国人民代表大会上首次提出"生态文明"建设。党的十八大报告更是提出建设"五位一体"的发展格局，包括经济建设、政治建设、文化建设、社会建设、生态文明建设。2016 年习近平总书记进一步提出并系统论述了"创新、协调、绿色、开放、共享"的新发展理念，其中坚持绿色发展，再次重申了包括坚持基本国策即节约资源与环境保护，坚持可持续发展理念，建设资源节约型、环境友好型

---

① 范俊玉. 政治学视阈中的生态环境治理研究［D］. 苏州：苏州大学，2010.

社会、推动低碳循环经济发展，实行最严格的环境保护制度等理念。

一定时期内的国家发展观是对经济发展、社会发展和环境保护之间关系的总的认识与观点，在政策输入过程中影响环境政策。不断趋于"绿色化"的国家发展观和理念，不仅体现出国家越来越重视环境保护，同时也为社会公众释放了重要信号，环境保护与质量开始日益成为国民生活的关切点。在党政高层的日益强调，明确的环境建设目标、责任等导向与政策规范要求下，如果发生了环境污染的问题，民众如若行动起来发起抗争也具有了道义上的优先性。① 民众通过利用与国家发展意识形态相统一的权利话语构建起道义经济式的环境抗争，并且官方话语为民众在环境抗争中获得有利形势提供机会，就此民众构建起环境抗争的合法性与合理性。

2. 开放的环境政策体制

逐渐开放的环境政策体制主要体现在吸纳公众参与环境政策过程，包括环境政策制定、过程监督与结果评价等方面，使公众"知"、能够"行"、可以"诉"。早在 1979 年颁布的《中华人民共和国环境保护法（试行）》中就赋予了公众监督环境保护的权利，即"公民对污染和破坏环境的单位和个人，有权监督、检举和控告"。在 1989 年实施的《中华人民共和国环境保护法》中则进一步规定了参与环境保护也是公民的一项义务，同时也首次规定了有关环境信息公开的内容，各级政府的环境保护行政主管部门，应当定期发布环境状况公报。由此可见，公众参与一开始便是制定环境政策过程的题中之意，只是在尚未形成成熟的公民参与公共事务治理的国家环境中，这些法律政策只有对权利义务的规定，而没有具体规范如何去行使权利，有哪些渠道或途径等。当然，环境政策的发展是不断趋于完善的。例如，作为环境信息公开的重要形式——环境状况公报，从 1989 年第一期公报内容来看，只有对全国环境污染状况、生态环境状况及环境保护工作的总体概述，内容粗略。对比近些年发布的公报，则纳入了更广泛的环境信息披露内容，重点区域、

---

① 杜雁军，马存利. 社会冲突论下农村环境群体性事件的应对 [J]. 经济问题，2015（06）：100-103.

流域等环境状况内容更加细化，数据信息更加翔实。国家继续推进环境信息公开工作，陆续发布《环境信息公开办法（试行）》《关于加强污染源环境监管信息公开工作的通知》以及决定开展企业环境信息公开、公布国家违法建设项目等工作。制定实施使公众能够真正参与环境决策的环境影响评价制度。2003 年，《中华人民共和国环境影响评价法》实施，其具体规定了公众在哪些情况下能够参与以及参与的具体方式，公众能够参与环境治理过程工作获得了实质性进步，使民众在能"诉"方面建立了环境信访制度。1991 年通过的《环境保护信访管理办法》肯定了公众参与环境保护的权利并对各级政府生态环境部门信访管理工作的主要职责做了规定。1997 年实施的《环境信访办法》使公众环境信访具备了可操作性，其对受理信访的程序与时限操作性内容做了进一步细化与明确。

由国家权力机关或政府输出且不断完善的环境政策，是在"知""行""诉"三方面将赋予公民的"环境权利"立体实现。当前公众的公民意识、环境意识及参政意识不断提高，各项公民权利不仅仅是被赋予，也在被积极地行使。民众维护利益或权利，已有政策法规成为依据、提供渠道。这也是学者提出的"依法抗争"中"法"的指向，抗争者积极运用国家法律和国家政策维护其政治与经济等权益①。只不过在其研究中，以农民抗争为研究对象，并解释农民抗争者认定上级政府为解决问题的对象主体。笔者认为，"依法抗争"作为一种抗争者使用的策略性工具同样适用于对城市居民社会抗争的解释，同样城市居民将地方政府作为他们直接的控诉对象，并且用中央政府的政策来与其对抗，他们借此来证明抗争行为的合法性。输出的环境政策直接为民众维护权益提供了政治渠道与途径。

---

① 冯仕政. 沉默的大多数：差序格局与环境抗争 [J]. 中国人民大学学报，2007（01）：122-132.

表 6-1 开放的环境政策体制

名称	批准机构	实施时间	主要内容
《中华人民共和国环境保护法（试行）》	全国人民代表大会常务委员会	1979年9月13日	赋予了公众监督环境保护的权利
《中华人民共和国环境保护法》	全国人民代表大会常务委员会	1989年12月26日	赋予了公众参与环境保护的权利与义务
《环境保护信访管理办法》	原国家环境保护总局	1991年2月1日	第一部有关公众参与环境事务的行政规章，赋予了公众参与环境事务管理的权利，规定了行政监管的职责及其不作为或作为不当的惩罚
《国务院关于环境保护若干问题的决定》	国务院	1996年8月3日	提出在环境保护工作中，建立公众参与机制，发挥社会团体作用
《环境信访办法》	原国家环境保护总局	1997年4月29日	详细规定了环境信访人的权利与义务，环境信访工作机构的职责、受理信访的程序与时限要求
《中华人民共和国环境影响评价法》	全国人民代表大会常务委员会	2003年9月1日	第一部规定政府、建设单位和环境影响评价机构应当吸纳公众参与的法律
《环境保护行政许可听证暂行办法》	原国家环境保护总局	2004年7月1日	详细规定了举办环境行政许可听证会的过程
《环境保护法规制定程序办法》	原国家环境保护总局	2005年6月1日	规定了公众参与政府环境政策制定的权利

名称	批准机构	实施时间	主要内容
《国务院关于落实科学发展观加强环境保护的决定》	国务院	2005年12月3日	公开环境信息，吸纳公众参与
《环境影响评价公众参与暂行办法》	原国家环境保护总局	2006年3月18日	第一部有关公众参与政府环境科技决策的行政规章，规定了公众参与权利、范围、程序、方式和期限
《环境信访办法》	原国家环境保护总局	2006年7月1日	突出强调畅通信访渠道，维护公众对环境保护工作的知情权、参与权和监督权，并对环境信访事项的提出、受理、办理和督办等程序做了详尽的规定
《环境信息公开办法（试行）》	原国家环境保护总局	2008年5月1日	政府机关应该主动公布环境信息
《国家人权行动计划（2009—2010年）》	国务院	2009年4月13日	明确提出公众的"环境权利"以及公众的知情权、参与权、表达权和监督权
《"同呼吸、共奋斗"公民行为准则》	原环境保护部	2014年8月11日	动员全民参与环境保护和监督大气污染防治
新《中华人民共和国环境保护法》	全国人民代表大会常务委员会	2015年1月1日	增设"信息公开与公众参与"专章，"公益诉讼主体"范围进一步扩大
《环境保护公众参与办法》	原环境保护部	2015年9月1日	公民、法人和其他组织可以通过电话、信函、传真、网络等方式向环境保护主管部门提出意见和建议

名称	批准机构	实施时间	主要内容
《中华人民共和国长江保护法》	全国人民代表大会常务委员会	2021 年 3 月 1 日	国家鼓励、支持单位和个人参与长江流域生态环境保护和修复、资源合理利用、促进绿色发展的活动 公民、法人和非法人组织有权依法获取长江流域生态环境保护相关信息，举报和控告破坏长江流域自然资源、污染长江流域环境、损害长江流域生态系统等违法行为

资料来源：张晓杰. 中国公众参与政府环境决策的政治机会结构研究［D］. 沈阳：东北大学，2010：75-76（并根据政府后续发布的环境政策资料进行了补充整理）。

3. 碎片化的政策执行

碎片化的政策执行反映出当前我国政府层级间的关系张力，主要表现为地方政府对国家环境政策的选择性执行、执行不彻底、执行流于形式化等问题。碎片化的政策执行是环境抗争发生的最直接原因，而由此形成的政府层级间的间隙也为民众提供了环境抗争的机遇结构。

国家治理理念具化为政策，政策沿着治理体制层层落实。我们将地方政府政策的再制定也视为中央政府或国家政策的执行过程。政策执行"偏差"或离心倾向是当前我国国家治理体制中极大矛盾之处已成为研究共识。研究者们具体地分析国家治理体制中不同层级政府间以及政府部门间的权威关系，也即"条"与"块"。"条"的组织制度体现了自上而下的权威关系和动员机制，"块"的组织制度核心是地方性治理机制。① 在具体的组织制度研究中，

---

① 冯仕政. 西方社会运动研究：现状与范式［J］. 国外社会科学，2003（05）：66-70.

周黎安提出的"行政发包制"具有极大的启发意义。① "行政发包制"简单来说就是中央将行政和经济管理事务逐级发包到基层，基层具体实施政府管理的各项事务，治理目标多重。从中央到基层的层层行政距离中，会发生任务的"转包"，同时伴随着政府职责和事权的转移。地方政府具有极大的自主性做出大部分决策。而地方政府各部门根据职责分工承担各项行政任务，形成部门利益。这样中央与地方政府及政府各相关部门间产生了"目标/利益交叉错位"，地方政府及其部门受利益驱动，极易产生政策的执行"偏差"。

在环境治理领域，"目标/利益交叉错位"从而产生政策"执行差距"十分典型。一度以经济为中心的发展模式及相应的政权激励体制是环境政策执行"偏差"最直接的原因。我国早期工业化发展模式中，从资源获得到产出都形成极大的负外部性，造成对环境的威胁。国家发展观念或政策理念不断"绿色化"，地方政府在多重目标的困境中常常偏离"绿色化"的理念轨迹。这是因为地方政府承担着多重治理目标，其中就包括既要保证经济发展又要实现环境保护与治理。环境治理产生效果缓慢且治理成本较高，政绩很难凸显，在唯"GDP"政绩考核观引导下，地方政府就形成了环境短视的决策特点。此外，环境保护治理行政体制的"条"与"块"更是弱化了环保行政机关的权力与话语。某一级的环保机关不仅接受当地政府的管辖，即"块块关系"；又要接受上级职能部门的领导，即"条条关系"。尤其是在"块块关系"中，环保机关的政策执行力受到地方政府及其他部门的极大牵制，从而弱化。

此外，决策本身的有限理性特征与环境问题的特殊性也极易导致地方政府环境政策的执行"偏差"。国家环境政策总是从国家宏观的发展背景出发制定，具有不完全性，也是做不到绝对精确的，因此，现实中地方政府政策及

---

① 冯仕政. 中国国家运动的形成与变异：基于政体的整体性解释 [J]. 开放时代，2011 (01)：73-97.

执行都是对国家政策的再界定实施。① 由于决策的有限理性，决策者不可能考虑全部的情况，制订出所有可能方案，也不可能预见由政策执行带来的各种可能性与后果。还有，环境问题具有特殊性，如环境污染责任的难以界定，针对河流、空气等环境污染问题，环境治理职责就存在分配的难度，政策制定通常具有不明确性。如对环境污染危害的界定，目前，我国针对电磁辐射危害并没有制定统一的国家标准，什么是安全范围常引起争议。

上述两种原因，造成环境政策执行过程中选择性执行、执行不彻底、执行流于形式等问题。环境政策的"碎片化"执行割裂了政策的完整性，从而弱化了国家环境政策的统一性及由此产生的权威性。而恰是国家在条块、不同政府部门和层次及地区间的分裂所形成的政策碎片化执行，为民众自身表达利益诉求、维护自身的权益、发起集体抗争提供了机遇结构。②

二、环境群体性事件的邻避：长沙宁乡反焚事件

（一）案例概述

2016 年 3 月 3 日中联重科发布公告称：将以 7500 万全资收购宁乡仁和垃圾处理有限公司，并在宁乡仁和垃圾填埋场原址上新建起一座世界一流水平的大型垃圾发电站，并吸纳长沙益阳等周边城区垃圾发电。之后，长沙市宁乡县官方发布消息称将在距离县城 3.5 千米处的银花桥建设一个日处理量高达 700 吨的垃圾焚烧发电厂。消息一出，就引起了宁乡民众的巨大反应。6 月 27 日，事件进一步发酵，宁乡县大量村民聚集在县政府广场，要求县政府立即停止这一工程。

---

① 付军，陈瑶. PX 项目环境群体性事件成因分析及对策研究 [J]. 环境保护，2015（16）：61-64.

② 高卫红. "绿色空间"——城市环境的保护问题 [J]. 国外城市规划，1995（01）：10-14.

（二）案例分析

1. 发展现状

我国改革开放已经进入了深水区，在城镇化水平不断提高的同时，我国同时开启了"邻避时代"模式。一是人民日益增长的物质文化需求，社会不断发展过程中所衍生的需求，原有的公共基础设施显然已经无法满足，新公共基础设施急不可待；二是随着信息社会的到来，人们接收信息的速度加快、接收到的信息量不断增加，使得民众的环保意识与公共参与意识不断觉醒。当具有负外部性特征的邻避设施需要建立在"自家后院"时（例如，本研究的宁乡垃圾焚烧厂），他们自然而然会产生抵抗心理，甚至发展为强烈、高度情绪化的抵抗行为，更严重的甚至会引发危害到社会安全秩序的群体性冲突事件。

2. 目的与意义

环境群体性事件多是偶发性的，是由某一环境损害性事件引起，进而群情激愤，在处理不够及时或不够恰当的情况下酿成的群体诉求和群体骚动。因此，扩建新设施迫在眉睫，然而像化工厂、垃圾焚烧厂等这样的设施具有外部负效应，会使人产生心理或身体上的不适应，使得选址地附近的居民集体抗议反对该项目安置在自家周边，导致城市公共设施设置的困境。西方学者将这些民众反对的设施称为"邻避设施"，因这些设施的安置所激发的集体事件称为"邻避冲突""邻避现象"或"邻避事件"。① 我们以"邻避冲突"指代由这些设施的安置所引发的群体性事件。随着社会人口规模的迅速扩大，生活垃圾、工业废物和其余各种垃圾废物的排放量也随之增加，人们的生活空间受到极大的挤压。邻避冲突的频繁发生不仅会阻碍我国社会基础设施建设的进程，更会激化政府与民众的矛盾，在一定程度上弱化政府公信力，不利于社会和谐发展。

本研究以宁乡反焚事件为例，在邻避冲突视角下，分析政府、公众以及企业三大主体中的利益博弈关系，探究公众的利益诉求，并尝试用社会学理论来解释民众集体抗争维权的博弈过程。

---

① 汪卉. 邻避冲突的民主商议治理之道 [D]. 贵阳：贵州财经大学，2016.

（三）案例分析诊断

1. 邻避冲突过程

2016 年，整个事件围绕"宁乡垃圾发电项目"的选址发酵而来。

表 6-2 事件始末

时间	经过
2016 年 3 月 3 日	中联重科发布公告称：将以 7500 万全资收购宁乡仁和垃圾处理有限公司，并在宁乡仁和垃圾填埋场原址上新建垃圾发电站，并吸纳长沙益阳等周边城区垃圾发电。之后，长沙市宁乡县官方发布消息称将在距离县城 3.5 千米处的银花桥建设一个日处理量高达 700 吨的垃圾焚烧发电厂
2016 年 6 月 27 日	宁乡县大量村民聚集在县政府广场，要求县政府立即停止这一工程
2016 年 6 月 27 日	官方出动警力对现场进行了控制，安抚集会村民的情绪
2016 年 6 月 28 日上午	湖南宁乡警方通告 6.27 垃圾焚烧集访事件查处情况，并同时发布了《宁乡县新能源发电项目进展权威发布》的消息
2016 年 6 月 28 日	宁乡县广播电视台官方微信"宁视界"发布一则名为《宁乡县新能源发电项目知识指南》的文章。文中主要阐述了三个观点：一是宁乡县填埋场剩余库容难以适应城市发展需要。二是该项目可以实现垃圾无害化，完全优于国家污染物排放标准。三是该项目践行之后，可实现垃圾的减量化，垃圾经焚烧后体积可减少 90% 以上
2016 年 6 月 28 日	宁乡警方在发布的《宁乡县新能源发电项目进展权威发布》的消息中称，宁乡县委、县人民政府已成立相关部门工作小组，对该项目的环境影响进行进一步的论证，将严格遵循公开透明原则，适时召开群众听证会，并保证后续工作会尊重民意，尊重科学
至项目调查写作时（2016 年 12 月）	这个遭到民众大力反对的垃圾焚烧厂建设项目停工，舆情平复。但是尚未走出"垃圾围城"的困局，矛盾被搁置，未得到解决

从社会心理演化博弈机制和宁乡反焚事件的实证过程可以看出，在邻避冲突阶段以及后邻避博弈时期，由于地方政府拥有优先行动的权力，当其采取强硬的博弈手段时，很容易激发群体的愤怒情绪，并且由于愤怒情绪更容易感染他人和传播扩散，最终形成自发组织而成的集体性行动。事件发生后，个别地方政府官员为了短期内维稳采取了强制的压力维稳模式，但是这种稳定只是暂时的、静态的、表面的，最终容易导致社会矛盾冲突的反弹，形成维稳的恶性循环。

2. 问题分析

从上述事件发生过程我们可以看到，政府、民众、企业是三大利益主体。为何民众会极力反对垃圾焚烧厂的建立，其之根本是在于自身利益的受损。诸多学者认为邻避事件最核心的影响因子是利益冲突，学术界对于利益因素的关注主要是基于理性选择理论"经济人"假设和相关利益者理论，即认为追求自身利益的最大化是人类行为的根本出发点。因此，可将利益视为民众博弈的内在动力之一，假设在邻避事件中的民众所获利益补偿越高，规避邻避冲突的可能性就越大。

在科塞的冲突论观点中，基本分类是"现实性冲突"和"非现实性冲突"，其中现实性冲突主要是围绕现实的问题，一般而言是物质性的、以经济利益为目标的。显然这种冲突有可能从"利益平衡"中获得解决，而且现实性冲突的激烈程度较小，不具有强烈对抗性。我们需要充分意识到，农村的环境群体性事件引发的冲突源于物质经济利益诉求，不具有政治上的对抗性，具有可协调的性质。因此，很有必要完善制度化的解决途径，让这种冲突通过"社会安全阀"进而宣泄出压力和能量，减少社会冲突升级的可能性。①

民众对于邻避设施的抵触程度受到其对邻避设施潜在风险的认知程度的影响，就风险本身而言，存在技术风险与感知风险之分。感知风险主要是一

---

① 朱德米，虞铭明. 社会心理、演化博弈与城市环境群体性事件——以昆明 PX 事件为例 [J]. 同济大学学报（社会科学版），2015，26（02）：57-64.

种心理认知，是民众风险认知的核心内容。知识被视为民众博弈的另一内在动力，假设在邻避事件中，民众对风险的认知程度越高，反对邻避设施的态度越强。

我们将参与群众分为两类，一类是直接受到垃圾焚烧厂影响的群众，而另外一类则是间接受到影响。在冲突的内容方面，环境污染所带来的连带负面效应是最直观的，而其背后的风险也是不容忽视的一部分。当民众意识到这一点时，首先出现心理与情绪上的愤怒与担忧，人们在担心个体利益受损的同时，也会产生补偿心理。但即使政府方面有信息公开机制，民众不可能天天盯着政府决定每个具体信息，沟通也受到了阻碍，风险被进一步扩大，由原本的个体利益补偿，转变成为群体利益受损。①

在调研中我们可以看到多元主体博弈的动态变化，在邻避事件发生后，政府民众的博弈态势趋于平缓但危机四伏，项目被搁置难以预料再次动工是否会招致更严重后果，故政府一年多以来不曾复工。

企业作为执行与投资者，其最大的目的是获利而不是保障民众的诉求，因而政府在决策之前应该与企业沟通到位，并征求群众的意见，才能让企业最大程度发挥自己的作用。

这就要求我们完善信息公开机制，在信息公开的基础上，拓展沟通渠道，确保民众的诉求上达到位，可以得到合理的解决。从首因效应的角度看，政府第一时间的反馈与处理方法是最有助于阻止群体性事件的扩大与舆情的走向控制。因此，本研究以政府和民众为主，企业为辅，提出相关建议。

（1）政府

政府作为邻避设施规划建设中的主要利害关系人与公共设施项目的策划者，直接影响邻避冲突的发生。

①政府与民众沟通不到位

沟通不是一个单向的通知，而是作为公共关系主体的政府与作为参与者

---

① 王璇. 邻避运动中公众博弈行为的逻辑基础探究——以福建省漳州 PX 项目为例［J］. 城市管理与科技，2018，20（03）：64-66.

的民众进行信息传播和交流互动的过程。通过访谈与实地调研，结合我们的调研过程，在宁乡政府决定建设垃圾焚烧发电厂这一举措中，我们可以发现政府没有与群众进行有效沟通，没有将沟通落实到位。政府没有深刻地理解沟通的实质，做到有效沟通。作为普通民众，对于该建设的内容、进程以及详细内容的了解渠道可以说是少之又少，他们的认知通过已有的了解，以及不到位的沟通，被禁锢在一个很有限的范围之内，且知识水平、接受能力的局限更导致沟通的偏误和失效。这也恰恰证明了，民众与政府之间的有效沟通的断裂，是匮乏的民众参与渠道、不足的风险沟通机制、亟待加强的信息公开透明度等多重因素导致的。

②政府公信力建设不够

目前我国关于邻避设施的规划建设体系多为"决策—宣布—辩护"的模式，整个环节链条存在许多问题，如信息不够公开、选址过程不透明、风险评估不可靠、民众参与度低等，这都极易导致民众对政府的信任危机。在本事件中，反对的民众大多是低文化水平，对于政府的信任更容易受到外界的影响。

③邻避设施选址与补偿机制

我们还可以看到，在本次反焚事件中，一个不可忽视的原因是垃圾焚烧厂的选址。其选址距离民众生活区只有3.5千米，为什么会选在这里建设垃圾焚烧厂，人们不得而知。因此，我们可以发现，选址的不公开性与不公平性也是造成邻避冲突的重要因素。

如同社会亲属关系，焚烧垃圾厂对不同地域范围内的居民来说，也具有一个同心圆隐喻，其所带来的危害具有地域性。因而我们引入邻避事件补充机制，实际上，该机制在国内外邻避效应治理中十分常见，因为它可以很好地平衡多方的利益博弈，去突破邻避效应的阻碍。但在宁乡反焚事件中，我们可以清晰地知道，一是缺乏标准统一的补偿机制，此机制的建立并非易事；二是在此事件中的弱势者以及利益受损群体的正当利益诉求并未得到重视。

对不同地域范围的居民来说，垃圾焚烧厂对他们产生的危害又是不同的。

其中经济补偿是一个很重要的原因。有学者指出，邻避效应的补偿机制应以保护环境、促进人与自然的和谐为根本目的，综合运用行政和市场手段调整相关各方之间的利益关系，对利益相关者进行具体补偿。不可否认，补偿机制的运用在国内外邻避效应治理中较为常见，在利益博弈中能起到很好的平衡作用，从而有益于邻避效应的突破。但是现实中，标准统一的补偿机制很难形成。

（2）民众

民众是邻避冲突发生的参与者，民众的心理、个体认知水平等因素影响民众对邻避设施的接受程度，以及建设选址关涉环境受益圈与受苦圈的程度决定了邻避矛盾的发生与否及冲突大小。

①情绪路径——相对剥夺感

在宁乡反焚事件中，位于选址地点的上下游居民对设施修建的心理反应程度并不完全一致。前面我们提到了同心圆理论，那么"不公平感"与"相对剥夺感"是与居民距离垃圾焚烧厂的距离呈反相关关系。在垃圾焚烧厂周围的居民相比于其他距离较远居民更容易产生"不公平感"和"相对剥夺感"。

②民众诉求途径限制

宁乡本地大多数的村民文化知识水平并不高，对于此类邻避设施建设的意见更是不知道该如何寻找诉求途径，加之公民本身的诉求途径有限，这也是民众解决邻避冲突方式走向偏激的重要原因。

③民众的不信任感以及科学意识的缺乏、接收信息的匮乏

垃圾围城，作为城镇化发展过程中不可避免的问题，一直困扰着当代人。在现代垃圾处理技术的不断发展中，对于垃圾焚烧，从决策层到坊间舆论无不抱着谨慎态度。对文化水平程度较低的宁乡民众来说，更是难以对其产生信任。

（3）第三方的参与——新闻媒体

新媒体与关系网络下的环境群体性事件的动员是值得考察的，新媒体语境在群体性事件中发挥的作用不容小觑。在邻避设施建设中，新闻媒体发挥

自身舆论宣传职能、及时传递信息、建立起政府与公民之间的良性沟通机制的作用。

①传统媒体反应滞后，缺乏即时性

在宁乡反焚事件中，我们也很少看到官方媒体对此事件进行及时的报道，传统媒体似乎在主流讨论中缺席了，民众难以得知最新的事件进展，导致政府与民众未得到良好沟通。

②新闻媒体立场存在偏颇，网络信息鱼龙混杂

本次宁乡反焚事件就是由于网络信息的流动性大，一些不法分子趁机作乱，发布虚假信息，动摇人心，加剧了民众对政府的不信任感和建设的抵触。甚至许多媒体在邻避事件的报道中立场存在偏颇，对事件持质疑态度而非中立态度，加入了过多的主观性理解。

③环境邻避设施在媒体传播过程中遭遇"污名化"过程

污名化在社会学语境中最初是指社会赋予某些个体或群体以贬低性、侮辱性的标签，进而导致社会不公正待遇等后果的过程。垃圾焚烧厂在新闻媒体的传播中，已经被贴上了"有毒""有害"的标签，绝大多数民众不会去认真分析风险的大小，而是直接标签化地进行反对。在宁乡调研过程中，发现所有的居民都认为建设垃圾焚烧厂弊大于利，并且垃圾焚烧处理后仍然有害。居民的这种看法加剧了邻避冲突，使他们更激烈地反对垃圾焚烧厂的建设。

（4）小结

随着经济的发展与城市的建设，近年来，由垃圾焚烧厂等邻避型公共设施引发的邻避事件在中国各大城市频繁发生，邻避事件引发出许多社会矛盾，成为对中国城市管理者的社会管理能力的一个重要考验。

从当今国内外经验以及实践中的情况来看，政府、民众、新闻媒体以及相关企业和技术都在邻避事件的产生与发展过程中有着不同的作用，针对垃圾焚烧项目频频引发的群体性事件，我们应该正视已经拥有百年发展历史的垃圾焚烧技术，相信科学和技术的力量，政府应完善沟通渠道和路径，加强信息公开化，加强民众参与，合理规划选址以及完善后续补偿机

制；而民众应提升信任度与科学意识，配合政府工作，合理表达诉求；媒体等第三方更应在坚持舆论先行的基础上正确引导舆论风向，维护政府工作的正当立场，从各方入手才能够更好地规避"邻避效应"，化邻避为"迎臂效应"。

第七章

话语分析：环境舆情事件发展趋势*

随着环境议题引起的话题事件不断增多，环境性事件发声的场域也发生着变化，线上线下的紧密联动使得事件影响力越发深远。本章以中国的雾霾话题及其治理为例进行系统的文献梳理，在参照关键词"雾霾"公众搜索指数以及结合雾霾舆情发展的不同阶段特征的基础上，将雾霾舆情的演变划分为五个阶段，即雾霾舆情萌芽阶段（2008—2010 年）、雾霾舆情酝酿阶段（2011—2012 年）、雾霾舆情爆发阶段（2013 年）、雾霾舆情高位反复阶段（2014—2016 年）以及雾霾舆情减弱阶段（2017—2020 年）。通过对雾霾舆情的演变和治理发展进行梳理发现，雾霾话题舆情呈现出与雾霾天气的同步性、与社会心态的伴随性等特点，空气治理更体现了社会势场理论的特点，民众与政府在网络舆情的势场中互动共同推动蓝天保卫战的实施。

一、引言

所谓环境舆情事件，是指多元行动主体基于不同的利益感情诉求，以互联网为主要发声平台，参与环境议题建构的公共事件。目前我国正处于社会经济发展的快速转型期，存在诸多社会矛盾与冲突，环境舆情事件的发生具有偶发性的特征，一般是由现实中的环境群体性事件直接或间接触发的。但是，始于 2009 年近年逐渐平息的雾霾舆情事件则并不是由现实中的环境群体

---

* 本章由董海军与许子妍合作完成。

性事件触发的网络环境性舆情，比较独特。

进入 21 世纪以后，随着工业化和城镇化的发展，雾、霾天气发生次数明显增长，雾霾作为一个新组合词被提出，综合指示轻雾、雾或霾等低能见度天气，其定位也从一般的天气现象转变为特殊的气象类型——灾害性天气现象。雾霾气象灾害及其负面影响由来已久，但在很长一段时间雾霾话题几乎未进入公众视野更别说演变成大规模的环境群体性事件，而这一局面随着社交媒体的蓬勃发展和公众意识的逐渐觉醒得以改变，并且逐渐形成一个独特的网络群体性环境舆情事件。

"环境群体性事件"是中国特有的称谓，在西方，与环境群体性事件相近的概念有环境运动、环境抗议。关于西方环境运动的研究，学者们主要从公平正义、环境 NGO 组织、新闻媒体角度展开。在中国主要有四种路径：一是研究环境群体性事件发生的原因；二是研究环境群体性事件阶段与特征；三是研究环境群体性事件的动员资源与策略；四是研究环境群体性事件的防治与应对。

本章将中国的雾霾话题及其治理这一环境事件作为网络群体性环境舆情事件的代表，展示环境舆情事件发生发展的传播特征、网民参与以及政府回应的情况，就舆情与治理策略进行理论性思考。

二、数据与策略

百度是全球最大的中文搜索引擎，百度指数是以百度网页搜索和百度新闻搜索为数据基础的免费海量数据分析服务，用来反映不同关键词在过去一段时间里的"用户关注度"和"媒体关注度"。"用户关注度"以数千万网民在百度的搜索量为数据基础，以关键词为统计对象，科学分析并计算出各个关键词在百度网页搜索中搜索频次的加权和，并以曲线图的形式展现；"媒体关注度"则是以过去选定时间段内百度新闻搜索中与该关键词最相关的新闻数量为基础，经过科学加权计算得到最终数据，并以曲面图的形式展示。百度指数符合大数据时代下"样本＝总体"的统计要求，能够直接或者间接地反映社会热点、网民的兴趣和需求。

本研究将利用百度搜索引擎提供的数据库，通过对"雾霾"以及"PM2.5"关键词的词频分析来初步展示雾霾相关的舆情事件发展过程中的现象和规律。

三、雾霾话题的演化

我们首先分析"雾霾"这一关键词在百度搜索指数问世以来的搜索状况。为进行补充，我们同时对雾霾认定的主要成分"PM2.5"进行同步检索分析。图7-1的横坐标是2011年1月1日到2020年9月22日的时间轴，纵坐标是关键词的搜索指数。在2011年百度搜索指数问世之初，"雾霾"和"PM2.5"两个关键词并没有被公众规模性搜索，2011年10月底，两个关键词的搜索指数从低搜索指数变化到有轻微的起伏，与雾霾相比，"PM2.5"搜索指数出现得更早，在之后将近9年的百度搜索历史中，"PM2.5"的搜索指数曲线大部分保持在高于"雾霾"搜索指数曲线的状态，只有少数短暂时段被"雾霾"搜索指数曲线超越。两个关键词百度搜索指数的变化基本上是同步的，在曲线的变化上都呈现出一定的规律性；在较为短暂的时段呈现爆发式的搜索指数上涨，之后又迅速回落，除了爆发式上涨时段，其他时段的搜索指数都较低。

本章在参照"雾霾"以及"PM2.5"关键词公众搜索百度指数图①（如图7-1）以及结合雾霾舆情发展的不同阶段特征的基础上，将雾霾舆情的演变划分为五个阶段，即雾霾舆情萌芽阶段（2009—2010）、雾霾舆情酝酿阶段（2011—2012）、雾霾舆情爆发阶段（2013）、雾霾舆情高位反复阶段（2014—2016）以及雾霾舆情减弱阶段（2017—2020）。通过对雾霾舆情进行五个阶段的划分，从而对雾霾舆情的演变和发展进行梳理和概括。

---

① 百度指数每天更新，并且提供自2006年6月至今任意时间段的PC端搜索指数，2011年1月至今的移动端无线搜索指数。图7-1记录PC端与移动端搜索指数和，故将起始时间设定为2011年1月1日。

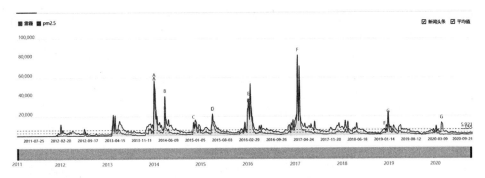

图7-1 关键词公众搜索百度指数

（一）雾霾舆情萌芽阶段（2009—2010）

2009年6月，有媒体报道位于北京朝阳区的美国驻华大使馆自设空气检测站，专门检测PM2.5的数据以在Twitter上公布，当时，中国官方公布的空气质量数据中还只到PM10，国人对PM2.5还十分陌生。同年，甲型H1N1流感、国际金融危机、美国首位黑人总统上任、重庆打黑等舆论事件占据了大众的注意力，雾霾未能引起足够的关注，相关的新闻也只有零星几条。

（二）雾霾舆情酝酿阶段（2011—2012）

雾霾舆情的酝酿阶段是公众感情认知从"毫不知情"到"深度关切"的过渡阶段，也是媒体和政府开始破"雾"立"霾"明晰认知的阶段。2010年，社交媒体，主要是新浪微博进入蓬勃发展时期，但由于网民对PM2.5的信息知之甚少所以网络上较少爆出与"雾霾"相关的信息。在百度搜索指数曲线上呈现的是较低的数据以及沿坐标轴平稳爬行的起伏程度。

2011年10月底，美国驻华大使馆在新浪微博的官方账号发出一条微博："北京空气质量指数439，PM2.5细颗粒浓度408.0，空气有毒害……"其后，一场PM2.5大讨论迅速展开。如图7-2所示，"PM2.5"在百度搜索引擎首次出现了第一个搜索指数小高峰，年末伴随着北方取暖期的到来形成了对PM2.5的持续关注，百度指数曲线虽然有大幅波动但是仍然维持较高的关注度。2012年11月16日起，原环境保护部就各方高度关注的《环境空气质量标准》开始向全社会第二次公开征求意见，PM2.5、臭氧（8 小时浓度）被纳入常规空气质量评价。新标准如果通过审核，将于 2016 年 1 月 1 日起实施。这一举措引起了一定幅度的舆论变化。2011 年 11 月自《环境空气质量标准》开始向全社会公开征求意见之后就引起了小幅度的网民讨论以及媒体较为集中的报道。至此，"雾霾"概念被引入，社交媒体上开始破"雾"立"霾"，网络舆论也开始对"雾霾"予以深度关切。

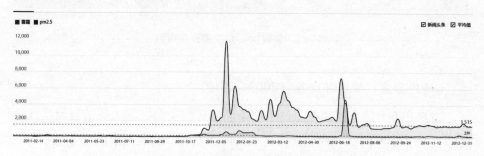

图 7-2　2011—2012 年关键词"雾霾"公众搜索百度指数

国内外媒体的报道和公众对于雾霾关注的觉醒推动了学界对"雾霾"研究数量的小幅增长。这一时期的研究脱离了对雾霾现象层面的探讨而开始对雾霾的成因和危害进行探讨；对雾霾时空分布的分析深入区域内部之间的差异，经过对学者对雾霾研究的文献综述的收集，发现主要研究主题有以下几个：①雾霾成因以及治理举措分析；②雾霾危害与公众健康分析；③特定地区大气污染时空分布分析。

（三）雾霾舆情爆发阶段（2013）

2013 年 1 月，中国东部地区出现了强度强、持续时间长、发生范围广的雾霾天气。整个 1 月，全国共出现了 4 次较大范围的雾霾天气，涉及 30 个省（区、市），很多地区平均雾霾天数为 1961 年以来同期最多，在北京，仅有 5 天不是雾霾天。这是 PM2.5 概念进入公众视野后我国首次爆发的大规模雾霾天气，在严重灾情、媒体报道以及公众热议的三重叠加之下，关键词"雾霾"公众搜索指数与去年和前年相比发生了量级上的变化，突破 20000 次，雾霾舆情开始爆发。

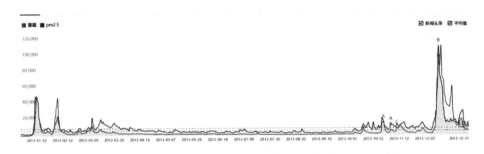

图 7-3　2013 年关键词"雾霾"公众搜索指数

2013 年 1 月 12 日，新闻联播以三分之一的时长播报了包括北京在内的全国多个城市的雾霾天气，随后便引起了南方周末、新浪新闻、网易新闻、新华网、凤凰网等网络媒体的争相报道。围绕雾霾发生实时状况（南方周末：《雾霾中国》）、雾霾发生的原因（新浪新闻：《多地遭遇持续雾霾天 业内称罪魁祸首是煤》）以及雾霾的影响和危害（网易新闻：《雾霾对健康危害到底有多大？》）等话题，各大网络媒体进行了深入浅出的事实呈现和热点解读。在雾霾灾情恶化和新闻媒体的纷纷报道情境下，广大网民在新浪微博、天涯社区、百度贴吧等社交平台展开了激烈的讨论。

同年 10 月底到 12 月，我国中东部发生 2013 年入冬后最大范围的雾霾污染，天津、河北、山东、江苏、安徽、河南、浙江、上海等多地空气质量指数达到六级严重污染级别，华东地区的严重污染以及韩国对我国雾霾状况的解读形成了新一轮的搜索峰值，出现了关键词"雾霾"公众搜索指数逼近 120000 次的历史新高局面，"雾霾"一词成为 2013 年的年度关键词。相比年初的大规模雾霾天气，此次雾霾由于污染级别更高、复发性以及发生时间处在新年交替之时等在网络群体中引起了更大规模的讨论。

2013 年可谓我国政府针对雾霾全面开战的第一年。针对空前的雾霾灾害和网络舆情，原环境保护部从 2013 年 1 月 1 日起在 74 个城市开展了全指标空气质量监测并不断扩大监测范围，为公众实时发布和更新准确的空气质量数据。2013 年 9 月 12 日，国务院颁布《大气污染防治行动计划》，在该计划指导下各地人民政府都结合当地实际出台了大气污染防治行动的详细计划和方案，为雾霾治理提供理论依据和方案指导。① 而备受关注的京津冀及其周边地区也在 10 月 23 日召开会议，明确京津冀及周边地区大气污染防治协作机制。

雾霾话题的讨论热度也引起了学术界的极大关注和广泛研究，自 2013 年开始我国学术界对雾霾的研究呈现出井喷式增长的趋势，并在 2014 年达到雾霾研究史上发文量的最高峰。在这一阶段，雾霾主题的学术讨论度极高，学者们多以 2013 年 1 月中国东部（尤其是京津冀地区）大面积爆发的雾霾事件为例，雾霾话题研究涉及雾霾成分研究、成因分析、危害论述、对策探讨等多个主题以及气象学、医学、法学、经济学、传播学、环境学等多个学科，雾霾主题总体发文量也实现了由两位数到四位数的巨变。在这一阶段，相比之前相同话题的笼统性研究，此阶段的相关研究在学科视野的丰富下变得更加精细化。同时在这一阶段学者们继续对雾霾对人体健康的影响给予极高的关注度，在研究范围和领域上有所拓宽。

（四）雾霾舆情高位反复阶段（2014—2016）

自 2011 年"雾霾"走进公众视野起，这一环境议题便广受人们的热切关注。2013 年之后，关键词"雾霾"的搜索指数最低值提升，说明公众对雾霾关键词的搜索呈现常态化的趋势，搜索峰值开始不仅仅出现在冬季北方地区供暖时期，各个时段都会出现因为雾霾相关新闻搜索指数迅速增长的情况。公众对雾霾的关注更加多元化，涉及雾霾日常生活中的呈现、雾霾防治措施、雾霾发生后的经济市场变化状况、雾霾防治相关政策的出台等方面。

根据《移动互联网网民科普行为大数据》报告，2015 年最受网民关注的科普热点事件依然为"雾霾及其成因"。2016 年 12 月，我国北方城市大面积陷入雾霾。北京于 2016 年 12 月 30 日 0 时启动的"橙警"于 2017 年 1 月 7 日 20 时解除，这轮预警持续生效超过 8 天，长达 212 小时，创下京城空气重污染预警的最长纪录。据清博指数，以"霾"为关键字检索到的 2016 年 12 月

---

① 柴发合. 2013 年是我们针对雾霾全面开战的第一年［EB/OL］. 中国政府网，2014-03-07.

（截至22日下午3时）公众号推文合计52 268篇，总阅读量超过了8996万。
也就是说2016年12月上中旬，平均每天至少有2375篇霾主题文章被推送并
且引起至少408万人次的阅读行为，2016年公众对雾霾的关注度刷新了往年
纪录。根据清博指数，12月关于"雾霾"阅读量最高的10篇文章分别为：
《成都雾霾，你肿么了？》《为了治霾竟然把国道堵了，货车一律不让过！雾霾
这么大的黑锅，我们卡车司机可背不起！》《60年前的"伦敦毒雾"可不是被
风吹走的》《【992|气象】风来，霾散！气温稍下降！》《周复盘：目前的股
市有点像北京的雾霾》《四川11市联手抗霾！今天，让攀枝花蓝刷一次屏
吧！》《8种素食强力清肺 带你走过雾霾天》《雾霾天敌来了：寒潮即将杀到！
江西终于要降温下雨了》等。从文章类型来看，天气资讯、防霾技巧、雾霾
治理、金融财经类文章更受用户欢迎，而从各个大号的阅读数据来看，紧跟
热点的效果仍然比较可观。

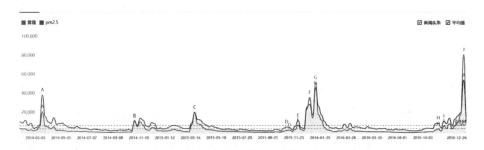

图7-4　2014—2016年关键词"雾霾"公众搜索指数

在雾霾成为常态化的天气现象的同时，围绕着雾霾的舆情也随之增多，
其表现形式很多样，雾霾舆情是民间智慧的表达，同时也是社会心态的一种
反映。据德媒报道，到2016年12月21日，中国北方多地的严重雾霾进入第
五天。影响航班、交通、航运的正常秩序，工厂关闭、学习停课。百姓抱怨
的同时，网络段子手也滋生出许多无奈的"幽默"。例如，世界上最远的距离
是我在街上牵着你的手，却看不见你的脸。具有讽刺意味的段子和表情包实
际上是作者和使用者的一种别样"抗争"。公众对于雾霾治理的无奈情绪可能
会消解民众行动的决心，消弭民众环境抗争的意志，使得民众成为"嘴上的

巨人，行动的矮人"，进而对生态环境问题熟视无睹、无动于衷。正如《中国青年报》记者王钟所言：遭受雾霾之苦，吐槽和抱怨虽是权利，但过多的段子占领舆论场，难免使得社会对治霾的关注失焦。时至今日，雾霾舆情早已脱离气候话语框架，不仅与经济发展紧密相连，还与医疗健康、政府职能等多方面相关，成为社会各界人士集体关注讨论的话题之一，雾霾议题的分散性将延长其舆情周期，使其难以消失殆尽，舆情呈现持续长尾效应。

这一阶段雾霾舆情在历经萌芽、酝酿和爆发之后，学者们对雾霾本身的研究也已经非常全面了。伴随着舆论控制和雾霾防治的有效实施，雾霾研究的数量显著下降，学者将目光定位于雾霾与其他领域的联合研究，笔者发现了较多的文献关注雾霾与旅游业的关系、雾霾话题的舆情传播以及雾霾的联合防控及综合治理。总体来看，学者对雾霾话题关注度的下降是一个加速度逐渐减小的过程：以"雾霾"为主题的发文量在 2014 年达到最高点之后骤降，2015 年后下降速度有所减缓转变为缓慢下降，说明我国对于雾霾话题的研究正式走向了饱和。

（五）雾霾舆情减弱阶段（2017—2020）

2016 年 12 月，原环境保护部宣传教育中心和北京市环境保护宣传中心联合曝光"2016 年度十大雾霾谣言"，并针对刷爆朋友圈的谣言予以集中辟谣，及时有效的谣言阻止和信息供给不仅增强了公众对政府治霾的信心，也提升了公众的安全感。不仅如此，针对如 2016 年年末的大面积雾霾事件，政府选择先从妥善回应网民关切做起，2017 年 1 月 6 日晚，原环境保护部部长陈吉宁就大气污染防治相关问题召开媒体见面会。2017 年 1 月 7 日，国家卫生计生委召开新闻发布会，与会专家回答了雾霾对人体健康的影响、雾霾防护常识等公众关心的问题。同日下午，北京市也召开座谈会，邀请媒体和市民代表对大气污染防治工作提出意见和建议。① 政府开始正视自身在网络话语建构中的缺位以及网络平台中的不和谐话语的不利影响问题，并且越来越倾向于

---

① 芦珊，韩旭. 跨年治霾下的政府应对观察：共商模式促进舆论共识［EB/OL］. 人民网，2017-01-10.

通过提升信息供给、及时正面回应网民关切的官民共商模式来引导雾霾舆情的良性发展。

2017 年 3 月 5 日，李克强在第十二届全国人民代表大会第五次会议上所做的政府工作报告中提出"坚决打好蓝天保卫战"。政府是这样说的，同时也是这样做的。除了借助常规手段开展雾霾治理，如调整经济结构和能源结构、建立完善相关政策法规、借助国际先进治霾经验、进行技术创新和发明以及开展区域联防联控等，政府还通过多种手段控制和引导雾霾舆情的发展并取得了巨大成效。

正是在政府大刀阔斧治理雾霾的多种举措之下，至今我国空气质量已经有了明显的改善和提高。

生态环境部在 2019 年 6 月首次发布的《蓝天保卫战中国空气质量改善报告（2013—2018 年）》中指出，从 2013 年至 2018 年的短短 6 年间，在保持经济平稳发展的同时，中国环境空气质量实现总体改善，京津冀、长三角等重点区域明显好转。2018 年，全国可吸入颗粒物 PM10 平均浓度为每立方米 71 微克，比 2013 年下降 27%；北京市 PM2.5 浓度从 2013 年的每立方米 89.5 微克下降到 51 微克，降幅达 43%。在空气质量改善和政府的正面引导之下，蓝天保卫战取得显著成效，同时雾霾舆情的发展也趋于平缓，不光是媒体指数长期处于一个较平稳的状态（如图 7-5），关键词"雾霾"公众搜索指数也下降至 7000 以下并处于相对平稳状态（如图 7-1）。

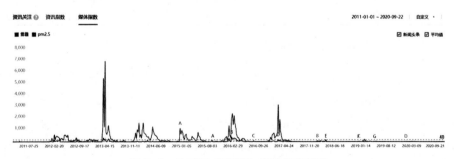

图 7-5　关键词"雾霾"媒体报道指数

除此之外，这一阶段的雾霾舆情也出现了新的发展趋势和特征。相比雾霾爆发期和高位反复期公众心态或诉诸愤怒的暴戾风气或诉诸无可奈何的无力感，这一时期的公众心态具有更加明显的后现代化的戏剧特征，反讽、恶搞、自嘲等段子风占据主流。如网友@一直想变瘦的S说道：D23：西安-洛阳 一个古都到另一个古都，匆匆而来，匆匆而去，唯有雾霾一路相伴……又如网友@i慎亦韩写道：雾霾天，开车送老婆上班，路上的车都开着双闪灯。突然，老婆说："老公，你快看，前面的那辆车只有一个灯会闪。"我淡定地说："宝贝儿，那辆车要拐弯了。"网友通过搞笑段子的形式将雾霾天气带来的恶劣影响生动形象地加以展示，虽然另类的表达方式依旧在诉说着同一个主题，但相比最初的直接正面对抗抑或是对抗过后的无可奈何，公众在与雾霾相对抗的过程中似乎找到了一种苦中作乐的方式，通过这种娱乐化的表达方式，公众在表达自身抗议情绪的同时又不至于被负面情绪过度缠身，这种雾霾话语的转变也是公众整体社会心态更加成熟的侧面反映。

再者，雾霾舆情在演变和发展的过程中也逐渐沾染商业气息。不少商家群体看到雾霾气象灾害背后的巨大商机，将雾霾防治与口罩、空气净化器、洗护用品、水果蔬菜食疗法等商品挂钩，雾霾成为抗霾产品商家提升平台转化率、将产品变现的大好机遇。因此，每逢雾霾舆情爆发之时，微信网文、微博博文等新媒体软文常常与各类广告捆绑在一起，这就使得雾霾舆情中有很大一部分是各类口罩、空气净化器、洗护用品等抗霾产品的广告。

四、雾霾舆情激发下的相关研究

2012年1月，北京开始发布基于PM2.5的空气质量日报，这一举措被西方媒体盛誉为中国环境治理的重大突破，2012年也被视为国内雾霾研究的重要节点。在此之前我国的雾霾研究经历了漫长的起步期，自1976年雾霾被首次提出开始，近30年国内雾霾研究的年均发文量都是个位数，直到2008年北京奥运会的举办才引起了国内外对于城市空气污染的广泛关注，在这之后的4年里发文量缓慢增长。2012年，中国东部地区发生了自1961年同期以来强度最强、持续时间最长、发生范围最广的雾霾天气，2012 至 2014 年的雾霾研究呈现井喷式增长，2014 年对雾霾的探讨议题最为丰富，2014 年之后发文量开始下降，至 2018 年年均发文量已稳定在 2500 篇。

笔者通过以"雾霾"为主题词的相关文献研究归纳出学界对于雾霾话题研究的趋势，这一趋势以发文量作为指标被划分为四个阶段：起步期—缓升期—井喷期—下降期（见图 7-6）。

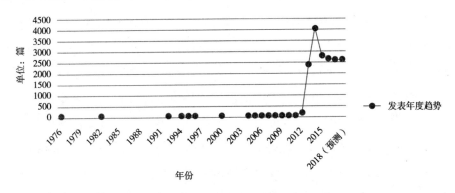

图 7-6　1976—2018 年以"雾霾"为主题词的发文量

相关学者关注到单一领域对雾霾天气的治理措施，在下降期学者们更多地关注了对雾霾天气多方位、多维度的联合防控和综合治理。魏巍贤与马喜立①认为推进能源结构调整与技术进步才是治理雾霾的根本手段。必须应用多种政策组合才能实现雾霾治理和经济发展的双重目标。王波与郜峰②认为要基于现代环境责任视角进行雾霾环境立法的创新，加强个别地方政府及部门执法监管责任落实、企业主体责任落实到位、区域复合联动责任机制完善。李永亮③认为实现多主体联动治理机制、法律约束与激励机制以及长效监管机制

---

① 魏巍贤，马喜立. 能源结构调整与雾霾治理的最优政策选择 ［J］. 中国人口·资源与环境，2015，25（07）：6-14.

② 王波，郜峰. 雾霾环境责任立法创新研究——基于现代环境责任的视角 ［J］. 中国软科学，2015（03）：1-8.

③ 李永亮."新常态"视阈下府际协同治理雾霾的困境与出路 ［J］. 中国行政管理，2015（09）：32-36.

的有机统一是当前府际协同治理雾霾的必要选择。周珍等①以及王秦等②都认为京津冀三方应该建立联动雾霾治理机制的总体框架。

五、结论与讨论

"群体事件"是中国特有的称谓，在西方，与环境群体性事件相近的概念有环境运动、环境抗议。关于西方环境运动的研究，学者们主要从公平正义、环境 NGO 组织、新闻媒体角度展开。在中国，主要有四种路径：一是研究环境群体性事件发生的原因；二是研究环境群体性事件阶段与特征；三是研究环境群体性事件的动员资源与策略；四是研究环境群体性事件的防治与应对。

本章将环境群体性事件置于网络世界的环境下进行讨论，单个或类型化的群体事件产生的动因是具体可描摹的，而超越单个环境群体性事件的成因与发展探究环境群体性事件在网络世界呈现的成因，是零散而不成体系的，往往也因为瞬时性和永久记忆性而表现出同以往不同的阶段特征；事件爆发用时短、参与人数繁多等，也促进了群体性事件的不同解决方式；信息透明化直接导致的治理措施公开化、辟谣力度加大等。

在方法上，我们从关键词大数据中选择以往无法操作化的概念进行量化，数据覆盖了较长的时间跨度和空间跨度，并且对和雾霾直接相关的关键词概念进行了补充性的数据比较。

经过对长时间跨度和更大空间跨度的舆情状况进行分析后，研究认为雾霾的舆情至少呈现出以下两个特点。

（一）雾霾舆情与雾霾天气的同步性

雾霾舆情的发展并非毫无依据可言，它与雾霾爆发的时期近乎完美重合。如图 7-1 所示，雾霾舆情的高发时期与雾霾现象本身爆发的周期是近似同步

---

① 周珍，邢瑶瑶，孙红霞，等. 政府补贴对京津冀雾霾防控策略的区间博弈分析 [J]. 系统工程理论与实践，2017，37（10）：2640-2648.
② 王秦，李慧凤，杨博. 雾霾污染的经济分析与京津冀三方联动雾霾治理机制框架设计 [J]. 生态经济，2018，34（01）：159-163.

的，每年的冬末以及春初都是舆情和雾霾天气的并发期，如 2013、2015 及 2016 年都集中表现了雾霾的高发与舆情的爆发相互重合、呈正相关关系的状态，体现了媒体发声、民众热议与热点事件紧密相关。从大的趋势来看，雾霾现状与舆情爆发呈正相关关系，雾霾越严重，关于雾霾的舆情也越发火热。

（二）雾霾舆情与社会心态的伴随性

随着公众对于雾霾的认知越来越明晰，公众对于空气质量的需求也愈加丰富和明确。当公众并不知晓雾霾的存在时，网络平台对于雾霾的议论热度极低；当公众开始认识到雾霾的存在时，社会心态开始有了变化，初期呈现出愤怒和强对抗的特点，真实地反映了民众激昂与躁动的情绪，它带动了整个雾霾舆情爆发期沸腾和焦灼的本来面目；公众对于雾霾的认识不断深入后，愤怒过、抗争过，但在坚挺的雾霾天气面前都无济于事之后，社会心态呈现出无奈和无力，雾霾舆情初期的沸腾和焦灼消失，呈现出热度不定、忽冷忽热的特点；愤怒的宣泄没有带来雾霾的实质变化，无奈地屈就现实反而会对自己的身心造成二次伤害。[①] 在雾霾常态化的现实面前，民众的心态务实般做出了适应性的调整与变化，呈现后现代的反讽戏耍、调侃恶搞、自黑自嘲等特征。随着空气质量的治理好转，雾霾舆情减弱，关于空气质量的社会心态也逐渐阳光，赞扬蓝天保卫战的行动。

---

① 马天剑，张鑫. 雾霾舆情的沸腾化、日常化与娱乐化：基于社会心态变化的视角 [J]. 新闻爱好者，2018（08）：33-36.

第八章

应用分析：环境群体性事件的预防

　　随着社会风险的愈演愈烈，德国社会学家贝克首创的"风险社会"成为我们当下的时代语境。内生于社会有机体内的社会风险随着社会有机体的演变和发展也改变着自己的形态，呈现出与以往社会风险不同的形态。社会风险就是社会有机体内部诸要素、结构及其运行过程中的失衡状态最终带来反社会主体效应的态势。我国社会现阶段已经进入风险高发期，风险预警和控制愈加受到重视。当前，环境问题已经成为我国引起社会不稳定的重要风险源。

　　2021年2月，我国取得了脱贫攻坚的全面胜利，但防范化解重大风险和污染防治的攻坚战仍未完成。防范化解重大风险就是第一大风险。对于环境群体性事件的社会风险预判具有可行性和可操作性。首先，环境群体性事件从产生、发展到爆发是有一定过程的，具有一定的规律，是可以通过调查研究加以分析的，在环境群体性事件爆发之前采取各种手段对风险进行监测、转移、消弭。科学技术的发展和实践更提供了便利经验。其次，风险社会理论、社会冲突理论、突变理论、蝴蝶理论等在环境群体性事件社会风险预判指标体系建构中具有启发意义。党的十八大报告中提出了"建立健全重大决策社会稳定风险评估机制"，这也是原环境保护部部长周生贤答记者问时提出的解决群体性事件措施之一。可见，建立起环境群体性事件的预警机制对于环境群体性事件的防治与疏导有着较强的现实意义，在一定程度上能为政府降低环境危机和风险提供思路和帮助。

一、我国环境群体性事件预警指标体系的构建

近年来，我国环境群体性事件具有多发性、可预见性、规模性、对抗性、高危性等特征。① 环境群体性事件通常开始于环境问题，在复杂的社会背景下，与诸多因素相互作用，最终演变发酵成环境群体性事件。环境群体性事件预警系统在运行过程中需要预警指标体系对造成环境群体性事件的各种社会风险因素加以量化，以便区分各风险因素的危害等级，采取针对性的措施。通过社会上可能存在的风险进行指标的划分能方便地实现对风险的监测，在风险发生以后能够参照指标体系对号入座，完善的风险指标体系，便于针对不同风险制定不同对策。健全的环境群体性事件预警指标体系是对社会稳定状况进行实时监控的重要工具和手段。

（一）构建环境群体性预警指标的指导原则

反映环境群体性事件的产生源头、影响其变化情况的统计指标存在于各种社会统计指标体系中，数量规模庞大，且指标之间存在交叉性、重叠性等情况，这就首先要求有一定的指导原则对这些统计指标进行筛选与整合。②

关键性原则：选择与社会稳定和引发环境群体性事件紧密相关的指标。

代表性原则：选择可以反映环境群体性事件鲜明特征的指标。

权威性原则：选择规则、稳定、连续的官方统计指标，避免波动，保证预警的准确性。

可收集性原则：选择能够保证环境群体性事件预警的可行性和可操作性的指标。

通俗性原则：选择容易理解与接受的指标。

（二）构建环境群体性事件预警指标

环境群体性事件预警的一个假设前提是，随着环境问题的发生发展，其

---

① 郭尚花. 我国环境群体性事件频发的内外因分析与治理策略［J］. 科学社会主义，2013（02）：99-102.

② 李丽华，刘舒. 群体性事件预警指标体系研究［J］. 中国人民公安大学学报（社会科学版），2011（06）：58-62.

预警指标的数值也随之变化，环境群体性事件的产生和变化与预警指标是线性相关的。所以，可以通过对预警指标的监测，来反映环境群体性事件发生发展水平的变化。但是对于环境群体性事件预警指标的确定，首先我们必须明确的一点是，我们不是要预见环境群体性事件将发生在何时、何地、以何种方式发生，而是要通过对各种预警指标的监控、观察，发现党政部门在政策决定、政策执行等方面的问题。也就是说，预警指标的变化要揭示的是指标反映了哪些潜在的问题，并在所发现的问题的基础上，及时地进行纠正、改进，以达到缓解社会矛盾，避免环境群体性事件发生的效果。环境群体性事件预警机制，其最根本的意义在于具备对于社会形势监测的信度与效度。

本研究主要参考余光辉等①的研究成果以及其他文献，将环境群体性事件预警指标分为三个层次，分别由三级指标构成。

整个预警指标体系分为三个层次，包括五个一级指标，第一个层面为可能直接诱发环境群体性事件的"环境事件指标"；第二个层面为主观层面的"社会心理指标"；第三个层面为客观环境指标，由"生存保障指标""经济综合指标"和"环境与社会控制指标"构成。一级指标下又再细化分为二级与三级指标。一级指标表示与环境群体性事件产生密切相关的可能性层面。二级指标则是对一级指标的维度分解，使人能更清晰地了解一级指标所涵盖的内容，指导预警工作更快地展开。而第三级指标则是最基础性的指标层，直观地反映现实情况。

1. 环境事件指标

环境事件指标是环境问题造成的环境事件所可能直接引爆环境群体性事件的表征指标，它是生态环境事件的总体评价。只要引发环境危险的根源不消除，环境群体性事件爆发的可能性就会呈现维持状态甚至不断加大最终实现。它实际上是一个紧急的修正预警指标，是在环境事件发生后到环境群体性事件爆发前的各项评价指标，能一定程度地提高环境群体性事件的预警效

---

① 余光辉，陈天然，周佩纯. 我国环境群体性事件预警指标体系及预警模型研究［J］. 情报杂志，2013（07）：13-18.

率。由于该项指标的紧急性，它往往要求指标信息收集的快速、方便和真实。

环境事件指标首先包括的就是事件直接危害指标与潜在危害指标，这是对环境事件本身的真实情况的衡量。另外还包括企业与政府对环境事件的处理与应对指标，这两项指标可能决定整个环境事件的走向从而直接关系到环境群体性事件的发生与否。环境事件指标体系如表8-1所示。

表8-1 环境事件指标

一级指标	二级指标	三级指标
环境事件指标	直接危害指标	（1）事件受伤人数
		（2）事件死亡人数
		（3）财产损失占发生事件地区GDP比重
		（4）环境资源损耗占地区资源总量比重
		（5）事件性质危害程度评价
	潜在危害指标	（1）危害人口数量
		（2）潜在危害范围
		（3）危害持续时间
		（4）日常生活影响
		（5）精神伤害评价
	政府处理指标	（1）政府处理速度
		（2）政府处理效率
		（3）政府处理态度
		（4）政府处理程序合法性
		（5）政府处理公正性
		（6）舆情控制程度
	企业应对指标	（1）企业应对速度
		（2）企业应对效率
		（3）企业应对态度
		（4）补救赔偿程度

2. 主观层面：社会心理指标

社会心理指标由民众满意指标与民众容忍指标构成。民众是有感情的，心理能够感知外部环境的变化并通过行动最终反作用于自然与社会。个体所产生的不同情感倾向会通过人与人的沟通与交流后形成统一的共识并能指导群体的行为。环境群体性事件的产生就是基于一致的群体共识，所以社会心理指标能对预警环境群体性事件起到很好的参考作用。

表8-2　社会心理指标

一级指标	二级指标	三级指标
社会心理指标	民众满意指标	（1）对当前总体环境的满意度
		（2）对政府职能部门行政效率的满意度
		（3）对本地企业的满意度
		（4）对环保公共政策的满意度
		（5）对未来环境的信心度
	民众容忍指标	（1）对资源浪费、环境污染程度的容忍度
		（2）对司法不公的容忍度
		（3）对执法不严的容忍度
		（4）对企业不当经营行为的容忍度
		（5）对腐败现象的容忍度

3. 客观层面：客观环境背景值指标

客观环境背景值是长期性地对某一地区爆发环境群体性事件可能性的宏观评估，它由四个一级指标构成，通过对背景值指标的计算，可以观测该地区可能爆发环境群体性事件的潜在可能性。在不存在环境事件的条件下，对于环境群体性事件背景值的监测结果就是环境群体性事件预警系统的计算结果。它主要包括"生存保障指标""经济发展综合指标"和"环境与社会控制指标"。

生存保障指标。它包括生理保障指标与社会保障指标，考察某一地区居民维持个人正常生产生活的环境需求与社会生活的环境需求。环境群体性事件的爆发往往是因为环境的破坏居民不能维持其基本的生存保障需求，所以说通过对生存保障指标的观测，对预估环境群体性事件爆发的概率有一定的作用。

经济发展综合指标。它包括环境经济协调发展指标与经济增长指标。我国在不断地推进现代化进程中，已经认识到经济与环境协调发展的重要性，构建环境经济协调发展指标可以很好地了解到当前我国经济发展下的环境变化状况，同时经济的发展状况也影响民众对环境的需求状况。经济综合指标与环境群体性事件的发生紧密相关。

环境与社会控制指标。它包括环境控制指标与社会控制指标。它反映政府部门在环境问题上所做的努力，环境群体性事件爆发与否与政府部门控制环境社会风险的能力息息相关。如果政府部门能够很好地做好预防、控制环境事件与社会矛盾，那么事实上也是对环境群体性事件的预防与控制。

表8-3　客观环境背景值指标

一级指标	二级指标	三级指标
生存保障指标	生理保障指标	（1）水质质量指标
		（2）大气质量指标
		（3）土壤环境质量指标
		（4）环境噪声指标
		（5）环境纳污能力
		（6）环境自净能力
	社会保障指标	（1）森林覆盖率与人均耕地面积
		（2）水供给能力
		（3）垃圾处理能力
		（4）环境补助能力
		（5）环境法律救助
		（6）环境公益项目

一级指标	二级指标	三级指标
经济发展综合指标	环境经济协调发展指标	（1）绿色 GDP 占传统 GDP 的比重
		（2）环境支出占 GDP 收入比重
		（3）第二、三产业产值比重
		（4）科技进步对经济发展的贡献率
	经济增长指标	（1）国内生产总值增长率
		（2）人均生产总值
		（3）人均生产总值增长率
		（4）人均可支配收入
环境与社会控制指标	环境控制指标	（1）年因环境伤亡人数
		（2）年因环境问题伤亡人数
		（3）环境监测能力
		（4）涉环境人才配备
		（5）涉环境法律法规条例
	社会控制指标	（1）每万人警力配备人数比例
		（2）国家公务员职务犯罪率
		（3）重大环境案件立案率
		（4）重大事故发生率
		（5）上访（含信访率）

（三）确定环境群体性事件各级预警指标权重

对于环境群体性事件各级预警指标权重的确定，可以在专家咨询的基础上，运用聚类分析、幂法、一致性检验、相似系数加权、AHP 层次分析法等方法确定各个指标相应的分值和权重分配，并进行比较和归一化等一系列技术手段，将已有文献观点、专家的判断和统计技术结合起来，将定性研究和定量研究结合起来，从而保证权重确定的科学性，构建相对严密的预警指标体系。

（四）建构环境群体性事件预警机制

本研究将预警等级划分为无警、轻警、中警、重警、巨警五个等级。当环境群体性事件指标预警警情呈现无警或轻警状态时，说明发生环境群体性事件的可能性比较小，处于相对安全的状态；当环境群体性事件预警警情处于中警区时，说明此时有发生环境群体性事件的可能性，政府应该引起重视，观察事件态势并搜集相关信息，随时准备好各级处理预案；当环境群体性事件预警警情显示重警或巨警区时，说明环境群体性事件发生的可能性极大，当地政府与相关部门必须启动应急预案，立即采取行动控制事件态势，遏制警情的发展与恶化。

指标体系中采用五级计分法对指标进行赋值，即根据指标值的大小分设 5 个值：0.2、0.4、0.6、0.8 和 1。

预警信息系统如表 8-4 所示。

表 8-4 环境群体性事件预警信息系统

预警等级	预警区域	预警信号指数
一级（无警）	安全区	0.0—0.2
二级（轻警）	较安全区	0.2—0.4
三级（中警）	较危险区	0.4—0.6
四级（重警）	危险区	0.6—0.8
五级（巨警）	非常危险区	0.8—1

（五）开发应对决策实验信息平台，构成预警决策系统

环境群体性事件预警决策系统，构建目的在于及时预判引发环境群体性事件的风险因素，迅速制定应对措施与各种危机预案，有效避免环境群体性事件的发生或者把损失降到最低。针对环境群体性事件的风险意识较薄弱、预警管理措施缺位、管理者相关素质较低等问题，要健全环境群体性事件预警决策系统这一机制，必须提升相关人员的风险意识，以部门联动完善环境群体性事件预警机制，推动预警管理机制常态化、系统化。

第一，建立相应的决策支持系统。掌握有效的信息是预警决策系统做出决策的前提，这要求充分分析基层党委政府、企事业单位、城乡社区、社会组织、民众报告环境群体性事件矛盾纠纷危情的意愿，并且分析社会组织和民众参与群体性事件的影响因素，针对收集到的关键信息并在此基础上采取相应手段措施获取社会公众对于预警决策系统的支持，减少将来决策推行的阻力。

第二，开发应对决策实验信息平台。将环境群体性事件动态演化机理、风险测度预警、风险消解和应对决策机制进行有机组合，设计环境群体性事件应对决策实验信息平台结构，开发原型平台软件，利用征地拆迁、医患纠纷、邻避效应、唐慧妈妈信访等案例进行仿真实验和模拟应用，对上述机理和方法进行检验和修正。

第三，建立管理部门。环境群体性事件预判的理论发展、部门建设、法治建设、人才培养，以及物质支持，都需要为构建环境群体性事件预判系统创造条件。一个完整的环境群体性事件决策系统主要由以下四个部门构成：预警监测部门、预警人力与信息部门、事件预警联络部门、风险控制与决策部门。环境群体性事件预警系统在运行中需要各部门分工协作，共同发挥作用，解决事件问题、消除事件危害、实现社会的长治久安。

第四，积极拥抱现代科技，建立"云协调"（cloud coordination）危情化解的经验分享平台。新技术的运用能够迅速拓展社会矛盾纠纷化解与预判创新的空间与格局。随着 EI、AI 技术的快速崛起和广泛应用，社会治理要紧密跟踪技术变化所带来的治理方式乃至治理模式改进的机会与空间，与时俱进地创新优化，不断提升社会治理智能化、专业化水平。扁平化的防控体系可以有效阻止重大安全事故和群体性事件，建立可以应用的"前馈后馈复合控制"方法和技术支撑体系，提升预判处理准确性问题。

此外，由于各地实际情况的不同，预警系统的部门设置应根据本地实际情况或添或减，不能生搬硬套。未来，需要进一步推进改革和社会公平，不断打牢和巩固社会和谐稳定的物质基础，从源头上预防和减少环境群体性事件的产生。同时探索对各种利益进行深度整合，创造共赢模式，在各领域推进共建共享。对于必须做出利益调整，切实难以实现利益共赢的改革问题，应当做足做好补偿。这是帕累托改进的基本要求，也是防范环境群体性事件的根本之道。

二、预防环境群体性事件的对策建议

环境群体性事件会造成一系列的社会危害，但一般来说由环境问题引发的群体性事件往往有其各方面的原因，是非突发性的，我们可以通过提前预防来避免环境群体性事件的发生及其带来的严重后果。本研究主要从构建经济发展与环境保护协同机制、提升企业社会责任理念、加强以环境保护为主要内容的社会管理创新、发展环保公益组织四个方面阐述预防环境群体性事件发生的对策，从而从根源上避免和减少环境群体性事件的发生。

（一）构建经济发展与环境保护协同机制

随着工业化、城镇化的迅猛发展，资源紧张、环境污染、生态系统退化等问题凸显，逐渐成为我国全面建设小康社会的难题，生态环境问题不仅威胁人民身体健康，也日益成为影响公共安全和社会稳定的重要因素。近些年来，不仅目前我国经济发展中资源及环境问题仍旧突出，影响着人民群众的生活环境和居住安全；同时人民群众的环境保护意识以及对环境质量的诉求不断提高，解决经济发展同人民群众环境诉求间矛盾的制度和机制还存在着很多不足。①

因此，党的十八大以来，生态文明建设被摆在日益重要的位置，将生态文明确定为"五位一体"总体布局的重要环节。习近平总书记在纳扎尔巴耶夫大学回答学生问题时指出："我们既要绿水青山，也要金山银山。宁要绿水青山，不要金山银山，而且绿水青山就是金山银山。"② 这说明环境问题是我

① 王晓广. 生态文明视域下的美丽中国建设［J］. 北京师范大学学报（社会科学版），2013（02）：19-25.

② 习近平. 习近平在哈萨克斯坦纳扎尔巴耶夫大学发表重要讲话［EB/OL］. 人民网，2013-09-08.

们必须重视的一个大问题。必须正确处理好经济发展同生态环境保护的关系，经济的增长不能以牺牲环境为代价。

为此，必须构建经济发展与环境保护协同机制。经济发展与环境保护协同机制实际上是指我们的发展不能只抓经济，或者只抓环境，而是要两手抓，坚持在发展中保护、在保护中发展的基本要求，在以较快速度发展我国经济的同时，构建一种以资源环境承载能力为基础，以自然规律为准则的可持续发展机制，实现经济发展与环境保护的双赢。

经济发展与环境保护协同机制其实就是习近平总书记关于绿色发展思想的体现。有学者指出，习近平总书记的绿色发展思想包括以下几个方面：转变经济发展方式是实现绿色发展的重要前提；发展循环经济是推进绿色发展的重要手段；大力发展绿色技术是绿色发展的重要技术支撑；正确处理经济发展同生态环境保护关系是推进绿色发展的基本要求；发展绿色消费是推进绿色发展的重要途径；改善人民群众的生存环境是我国走绿色发展道路的根本目标。① 构建经济发展与环境保护协同机制也就可以从这几方面入手，它的最终目标是实现经济又好又快发展，改善人民群众的生存环境。

1. 正确处理经济发展同环境保护关系

发展是要在经济增长的基础上促进社会全面进步，真正提高人民群众的生活质量。构建经济发展与环境保护协同机制，最根本的需要有指导性的科学思想。我国必须牢固树立保护生态环境就是保护生产力、改善生态环境就是发展生产力的理念，更加自觉地推动绿色发展、循环发展、低碳发展，决不以牺牲环境为代价去换取一时的经济增长。② 以这一原则为基础不断推进我国的工业化、城镇化发展。

2. 转变经济发展方式

"加快经济发展方式转变和经济结构调整，是积极应对气候变化，实现绿

---

① 秦书生，杨硕. 习近平的绿色发展思想探析［J］. 理论学刊，2015（06）：4-11.
② 习近平. 坚持节约资源和保护环境基本国策 努力走向社会主义生态文明新时代［N］. 人民日报，2013-05-25（001）.

色发展和人口、资源、环境可持续发展的重要前提。"① 转变经济发展方式要求我国改变传统的粗放型资源利用方式，形成节约资源和保护环境的空间格局，产业结构，生产方式，生活方式。

3. 发展循环经济

循环经济是在物质的循环、利用、再生的基础上发展经济，是一种低消耗、低排放、高效率的经济。创建环境友好型企业是发展循环经济的必然选择。对此，政府要积极引导企业转型，鼓励企业在生产经营活动中使用无污染、少污染的高新技术设备，对可能产生的环境污染采取措施，最大限度地减少对环境造成的污染。

4. 发展绿色技术

经济与环境的协同发展离不开绿色技术，国家应充分鼓励科技创新，利用绿色技术，比如，能源综合利用技术、清洁生产技术、废物回收技术、循环生产技术等，来解决我们当前面临的资源和能源短缺问题，又能有效地预防、控制、治理环境污染问题。

5. 发展绿色消费

绿色消费体现的是一种生态化的理性消费模式，它涵盖了人类的衣、食、住、行、用等方方面面，倡导尊重自然保护生态，实现消费的可持续性。政府、企业、社会三方应共同努力，推进绿色消费。政府应培育公民的绿色消费意识，同时设立相应的绿色服务部门以规范市场秩序和加强宏观管理；企业应强化绿色管理，增加绿色商品的提供量，营造好的消费环境；社会公众在购买消费产品时应尽量选择带有绿色产品标识，体现环保原则的绿色商品，从而促进绿色消费的发展。

（二）提升企业社会责任理念

企业社会责任（Corporate social responsibility，简称 CSR）是指企业在创造利润进行企业经营活动时，除了对股东和员工承担法律责任外，还必须对

---

① 习近平. 携手推进亚洲绿色发展和可持续发展 [N]. 人民日报，2010-04-11（001）.

消费者、社区和环境承担相应的责任，企业的社会责任要求企业不能再秉持利润第一的传统经营理念，强调要在生产过程中对人的价值的关注，强调对环境、消费者、社会的贡献。我国是现在世界第二大经济体，国家统计局数据显示，我国企业法人数在 2021 年已达 2866.52 万个①，这是一个十分庞大的数字。如果企业在以追求利润最大化为目标的发展的过程中，忽略对于环境的关注，比如，对环境资源的过度消耗，随意排放及堆积工业活动废弃物等，那么在追求经济发展的同时会对我们赖以生存的自然环境造成极大的破坏，这正是企业缺乏社会责任感的体现。引发环境群体性事件的原因多种多样，但归根结底，是公众的生存环境遭到了污染，他们的环境利益被损害，由此产生环境纠纷，进而引发了环境群体性事件。所以说，在我国目前生态环境形势严峻，资源短缺和浪费严重并存的现实条件下，必须提升企业的社会责任感，使在进行生产经营活动的同时注重与环境的和谐统一。

企业承担社会责任仅凭企业自觉是很难实现的，因此需要企业外部与内部共同来培育、监督、促进企业践行社会责任。

1. 积极引导企业承担环境责任

一方面，各级政府应加大对资源、环境保护的宣传力度，积极倡导建立低消耗、低污染、零排放的节约型绿色社会，从侧面帮助企业增强环境责任意识；另一方面，我国政府应主动组织、推进企业进行相关的教育与培训，促使企业经营者、管理者、员工形成一种科学的企业发展观，即把环保理念纳入企业的发展章程，这关乎一个企业的社会形象，是企业社会竞争力的重要组成部分。企业承担环境社会责任是自身发展的需要，企业取得经济效益如果是以资源浪费、环境破坏为代价，企业的社会形象会遭到破坏，不利于企业长远的发展。

2. 完善相关环境立法

由于法律约束的效果明显，因而法律机制往往是实现承担企业环境责任的首选方式。从立法理念来看，企业立法必须向社会本位转型，这归根到底

---

① 国家统计局. 中国统计年鉴-2022［M］. 北京：中国统计出版社，2022：20.

就是要重视企业的环境责任承担问题。① 企业环境责任及其承担问题应在法律中做出明确而又详尽的规定。蒋建湘等认为，环境实体法律的完善一是要体现预防为主，可以更多地以经济诱导的方式引导企业注重承担环境责任；二是可以加大对不承担环境责任的企业的威慑力度。通过对法律强有力的执行，规范约束那些环境责任意识淡薄的企业，最终使得遵守法律内化为企业内部的自律，从而促使企业主动积极地承担环境责任。

3. 重视社会监督机制

我国当前已有地方政府的生态环境部门聘请人大代表、政协委员、民主党派、工商联、院校、科研机构、新闻媒体等单位的代表为环保社会监督员。环保社会监督员监督着企业的生产经营行为，收集社会公众对于环保工作的意见与建议。此外，当前发展的互联网也催生了网络监督，许多环境问题通过互联网增加了曝光度与影响力。以上这些都有利于企业提升自身的社会责任感，积极承担环保责任。

（三）加强以环境保护为主要内容的社会管理创新

近年来，环境问题不仅造成环境状况的恶化，同时也影响环境污染区域群众正常的生产、生活活动，威胁生命健康与财产安全，引起社会矛盾与社会冲突，危及社会的稳定与和谐。预防环境群体性事件，可以从社会管理方面入手。党的十七大提到社会管理问题时，强调要把社会建设和经济建设、政治建设、生态建设并列起来，创新社会管理，即"社会管理更加符合规律性，更加体现以人为本的理念，并把一些好的理念转化为科学的社会管理体制机制"②。其重要着力点在于使社会管理与当前时代发展更加契合，我们可以加强以环境保护为主要内容的社会管理创新，以社会管理水平的提升促进环境保护水平的提升。

1. 构建和完善环境基本公共服务体系

环境基本公共服务体系的完善和整体水平的提升，是环境保护社会管理

---

① 蒋建湘，徐舒婷，姚永峥. 企业环境责任探析 ［J］. 浙江学刊，2010（06）：150-154.
② 郑杭生. 不断提高社会管理科学化水平 ［N］. 人民日报，2011-04-21（007）.

创新的起点和重要支撑。所谓环境基本公共服务，是指建立在一定社会共识基础上由政府提供的，在一定的发展阶段保障公众生存和发展等基本环境权益的最核心、最基础的公共服务。① 首先要确定的是理念指导，应树立环境服务的理念，将环境保护与发展民生有机融合。具体举措有：加大对环境基本公共服务的投入，更好更快地构建覆盖面强的、普惠型的环境基本公共服务体系，使社会公众都能够享受到环境保护的社会福利和公共服务。

2. 加强行政决策制度建设，建立健全重大决策风险评估机制

党的十八大报告中提出"建立健全重大决策社会稳定风险评估机制"，这也是原环境保护部部长周生贤回答记者问时提出的解决群体性事件措施之一。

预防环境群体性事件的发生，可以从行政决策程序制度建构入手，以"行政参与"与"行政公开"的程序理念为基础，以信息公开、公众参与、专家咨询、可行性/不可行性论证、合法性审查、风险评估程序制度为核心，建立具体的正当性程序规则。②

信息公开：政府在做出重大决策前，应公开政府决策的过程与决策相关信息，充分保障公众对于决策所涉及的环境问题与自身利益相关问题的知情权、参与权和监督权。公众参与：鼓励民众运用其参与权与监督权加入决策过程中来，以得到民众对于决策的支持与理解，更重要的是在能获得政策正当性的同时集思广益增加决策的科学性。专家咨询：现代决策问题涉及各个领域，包括众多复杂、专业的政策信息，通过建立依靠专家学者与专业人员进行行政决策的咨询、论证活动的专家咨询制度，能够显著提高政府决策的科学程度。可行性/不可行性论证：一方面对于决策的技术、政治、经济等层面进行可行性分析，同时以逆向思维的方式，进行不可行性论证。合法性审查：能在一定程度上减少决策的主观随意性，可以从决策权限、决策程序、决策内容等方面进行合法性分析。

---

① 李红祥，曹颖，葛察忠，等. 如何推行环境公共服务均等化 ［N］. 中国环境报，2013-03-27（002）.
② 应松年. 社会管理创新要求加强行政决策程序建设 ［J］. 中国法学，2012（02）：38-44.

风险评估是加强行政决策制度建设，建立健全重大决策风险评估机制中十分重要的一环。要预防环境群体性事件，第一，要确定风险评估的范围，凡是与人民群众切身利益密切相关的重大行政决策，都属于风险评估的内容。第二，明确风险评估具体事项。可依据环境群体性事件预警指标确定风险评估的主要事项。第三，建立科学有效的风险评估机制。充分听取公众与专家建议，通过问卷调查、召开座谈会议等方式收集有关信息，对决策可能引起的风险做出预判并制定相应的防范措施。第四，将风险评估作为行政决策的重要依据，及时防范避免引发相应风险并造成巨大损失。第五，构建行政决策纠错机制。在决策执行过程中，及时跟踪反馈，及时发现问题并采取纠偏措施避免损失。

（四）发展环保公益组织

在生态文明建设中，环保公益组织的作用十分重要，它们不仅能够成为沟通政府和公众的桥梁，缓和矛盾，而且助于提高公众参与的专业性，还能监督政府和企业生态保护的自觉性。原国务委员陈俊生在 1992 年就曾指出："今后的发展方向应该是社会上的事要由社会来办，不能都由政府包下来。这是社会发展的必然趋势，也是我国逐步实现民主化、法制化的重要标志之一，是社会文明、进步的表现。"① 1994 年 3 月 31 日，"中国文化书院绿色文化分院"（简称"自然之友"）成立，标志着中国第一个在民政部注册成立的环保公益组织诞生。自此，我国民间环保公益组织相继成立且队伍越来越壮大。事实证明，民间环保公益组织对环境问题的曝光与解决起到了重要的作用，比如，2003 年的"怒江水电之争"和 2005 年的"26 度空调"行动，让多家环保组织联合起来，以经济与环境协调发展为目标的行动，既有利于增强公众的环保意识，也使得公众与政府之间有了沟通的专门渠道。

所以说，一方面，我国政府应加大鼓励、扶植、发展和完善环保公益组织的力度，给予环保公益组织一定的政策倾斜，扩大群众性环保公益组织空间，使它们在倡导环保理念，发动群众自觉参与生态维护、表达群众合理环

---

① 蒲玥珠. 国务委员陈俊生谈社团和社团管理 [J]. 中国房地信息，1994（01）：41.

保诉求、构建群众与政府和企业之间的环保交流纽带上起到重要作用。另一方面，我国的环境公益组织应从自身入手，提升自身的公众参与能力与社会影响力。可以通过建立网络化行动联盟，与其他类似的新经济社会组织、机构、研究机构、高校等形成联盟，与国外的环境组织进行合作，建立保护环境的国际联盟，来对各级政府的环境决策进行影响；与媒体合作，提高媒体关于环境公益组织的发声质量，在倡导公众关注与参与环境问题、提高公众社会责任感方面发挥重要作用；与政府合作，相信政府的政治智慧，扮演政府的合作者，在涉及或者涉及不足的领域内，积极发挥其主动性、志愿性、灵活性，与政府强大的动员优势形成互补，为中国环境保护和社会可持续发展做出更大贡献。①

（五）优化国家环境政策，提升环境治理体系与治理能力

最后，我们从国家治理体系与治理能力的重要方向——国家环境政策——角度出发提出能够应对环境抗争的预警建议。

1. 地方政府坚决贯彻落实"绿色"的发展观念

随着民主政治的发展与公众公民意识的提高，在社会治理领域，公众不再是完全被动的政策接受者，尤其是在涉及切身利益的关键领域，公众积极地参与政策过程。公众会主动地关注公共政策的发布与出台，认真了解公共政策的具体内容与影响作用，熟悉国家的"以人为本""可持续发展"等发展理念。因此，公众拥有一定的"政策意识"。当利益驱使地方政府或部门偏离"绿色"的政策理念采取有害于生态环境或有损于公众健康权益的政府行为时，公众已有能力去识别这样一种政策执行的偏离，甚至会用已有的环境政策法规作为自身的抗争理据以抵抗地方政府行为。伴随着公众环境意识与"政策意识"的双重提高，地方政府只有坚持环境治理，认真贯彻落实国家的环境政策，维护公众环境权益，才能从根本上避免与公众产生环境冲突或矛盾。

---

① 刘敏婵，孙岩. 国外环境 NGO 的发展对我国的启示［J］. 环境保护，2009（02）：71-73.

2. 加强开放政策体制实质性内容建设

开放的政策体制突出的是在政策制定过程中民众（政策对象）与国家或政府（政策制定者）之间公平公开的关系。事实上，当前在我国社会治理的诸多领域，已有输出政策过程中在逐渐强调公众参与的重要程度，就如环境治理领域，公众参与及社会监督是国家欲实现环境有效治理不可或缺的环节和基础。在政策制定过程的公众参与方面，目前也形成了一些体制内的渠道与途径，如《环境影响评价公众参与暂行办法》《环境信访办法》等。然而，在具体实践中，以往较为封闭的政策体制下形成的政府与民众的不对等关系在一时间并不是那么容易打破的。因此，拥有制度上形式上的渠道与途径，在真正使用起来时并不是那么畅通。在当前民众的公民意识、参政意识、维权意识及环境意识越来越强的社会发展背景下，民众愈来愈是清醒的权利意识个体，为维护自身利益，民众会积极地利用体制内的制度途径，然而当制度途径不畅通或仍不完善时，他们也会积极地找寻体制外的途径，体制外的途径极易造成对社会稳定的威胁。因此，政府应更好地完善体制内的制度途径，加强开放政策体制程序性实质内容的建设，使环境社会矛盾与治理纠纷能够在体制内渠道中层层消解。

3. 保持政策执行的统一性

政策的碎片化执行常常削弱了国家政策的统一性与权威性。尤其是在民众越发关注并与其自身权益密切相关的环境治理领域，首先，确保政府、企业与民众之间的政策信息对称或分布均衡是保持政策执行的统一性的重要前提。有意隐瞒或忽略环境政策信息的充分公开，常常会成为诱发环境社会矛盾的导火索。其次，加强落实环境政策规定中的细节，如对环境影响评价的实施，公众参与敷衍或形式化的执行，在发生环境矛盾时政府将陷入极大的被动。在政策落实过程中，保持政策的统一性将使政策具有权威性，从而增强政府的信誉，进而增加民众对政府的信任度，即使在发生环境纠纷时，地方政府也能在事件中处于积极有利的地位，采取良好的解决措施，从而避免矛盾的进一步激化甚至产生集体抗争行动。

三、打造绿色空间："互联网+"的理念及展望

随着经济的快速发展，环境风险种类越来越多，呈现出复杂性和不确定性的特点。目前我国面临的环境风险主要有水污染风险、大气污染风险、土壤污染风险、噪声污染风险、固体废物污染风险、化学品环境污染风险和农村环境污染风险。随着人们环保意识和维权意识的提高，他们对于环境风险做出的反应也越来越多样化。根据我国2011—2015年环境信访工作情况的统计，从2011年到2015年，环境信访来信数量和来访人数变化不大，但是5年里电话和网络投诉件数逐年递增的趋势非常明显。电话和网络投诉总数从2011年的852700件剧增到2015年的1646705件，年均增长11.60%。党的十九大报告提出：要在本世纪中叶把我国建成富强民主文明和谐美丽的社会主义现代化强国。建设美丽中国的首要任务就是解决突出的环境污染问题，而环境污染的出现往往是环境风险演变而成的现实，环境群体性事件若不能有效处理，就很容易激化矛盾，不利于国家的长治久安。因此，打造绿色空间，环境风险治理成为重中之重。习近平总书记在党的十九大报告中提到未来3年内我国的三大挑战分别是：防范化解重大风险、精准脱贫、污染防治，可见本研究主题与其中的两大挑战都密切契合。

（一）现实背景

我国社会正处于经济、政治、文化的快速转型期，打造绿色空间要求越来越高。虽然我国一直在探索和创新环境风险治理模式，但目前我国政府对环境风险治理薄弱之处主要表现在以下三个方面。

第一，主体间信任缺失。当前我国环境风险治理正逐渐走出政府主导的一元治理模式，开始强调多主体、多中心、多样化的治理模式。治理主体既包括中央政府及各级地方政府，又包括各类企业，还包括各类社会组织、民间团体以及人民群众。目前由于环境信息不对称、信息公开程度不一致、复

杂的利益纠葛、资源纠纷等，这些打造主体之间出现信任缺乏、严重对立的问题。① 公众对政府信任的缺失导致公众不愿与政府沟通，这在一定程度上又加剧了信息不对称，使得双方陷入一个恶性循环过程。

第二，风险沟通机制不够健全。随着公民社会的发展，公众参与社会治理的意识越来越强，大众对环境风险存在一定的感知，并且对环境风险事件的处理也开始保持关注度。由于环境风险具有专业性，各个主体对同一类环境风险的危害程度存在认知偏差。只要处理得当对人体健康就毫无影响的污染物，公众却可能认为它十分严重甚至危及生命。② 近年来各种环境冲突事件的发生正是由于治理主体间产生了认知偏差，而风险沟通机制又不健全。因此，环境风险信息的发布、风险信息公开可查询等沟通机制亟待完善。

第三，政府主导惯性仍然存在。自 20 世纪 70 年代以来，我国环境保护一直是以国家为中心、政府为单一主体、以事后治理为主要目的自上而下的一种环境管理模式。③ 在这一模式中，环境治理工作主要由中央政府及地方政府机关领导，极少有民间环保团体与非政府组织的参与④，"先污染，后治理"也是我国过去环境管理的真实写照⑤。到目前为止，我国的环境治理还未完全走出政府一元主导的模式⑥。这可能导致政府相关部门忽略了其他主体的权益和事情发展的过程，在打造绿色空间上处于"一抓就死一放就乱"的尴尬境地。这种主导惯性在一定程度上抑制了打造绿色空间的效率，使得打造绿色空间流向运动式治理。

面对现阶段我国打造绿色空间存在的问题，创新风险治理模式成为必然。

---

① 朱狄敏. 公众参与环境保护：实践探索和路径选择［M］. 北京：中国环境出版社，2015：50-61.
② 蔡文灿. 论环境风险治理中公众与专家的分歧与弥合［J］. 华侨大学学报（哲学社会科学版），2017（06）：89-99.
③ 王芳. 合作与制衡：环境风险的复合型治理初论［J］. 学习与实践，2016（05）：86-94.
④ 蒋一可. 论风险导向型决策和我国环境治理［J］. 科技与法律，2016（01）：118-152.
⑤ 张英菊. 环境风险治理主体、原因及对策［J］. 人民论坛，2014（26）：75-77.
⑥ 朱狄敏. 公众参与环境保护：实践探索和路径选择［M］. 北京：中国环境出版社，2015：50-61.

随着个人移动终端、大数据、云计算等技术不断发展，"互联网+"——互联网思维与传统行业的有机结合——如今也已成为影响乃至创新改造行业和推动产业变革至关重要的路径选择。李克强在2015年政府工作报告中首次提出"互联网+"的概念，如今互联网已展开了与商务、交通、金融、医疗等传统产业的联合，并取得了一定成果。随着这些成效的显现，人们开始把关注焦点放在了互联网对于打造绿色空间的功能上。通过互联网寻求环境治理方案，可以有效改善传统环境治理的弊端，使之转型到合作治理模式。贵州省政府建立了"环保云平台"，对监控区域指标数据进行挖掘和分析，及时发现污染源和污染苗头，为环境治理与突发性污染事故处置提供相应科学依据。广州、辽宁和上海等都相继成立了大数据中心，以便精准地进行当地环境治理。①

"互联网+"促进了打造绿色空间的转型，它使环境风险从治理理念到治理方式都得到了创新，互联网时代下社会治理主体由一元管理变为多元协同，治理方式从被动性发展到前瞻性、从粗放式发展到精细化、从碎片化发展到整体化和网格化治理。② 尽管有不少城市已经开始探索"互联网+绿色空间"。但我国的实践发展仍处于初级阶段，管理认识、工作理念以及目标趋向仍亟须深入研究来梳理突破。

（二）文献回顾

从理论研究来看，学界对于打造绿色空间开展环境风险治理主题的探索由来已久。环境风险治理就是将环境风险作为治理的核心对象，通过政府、企业、NGO、个人等社会不同主体的多元治理，降低环境风险发生的概率以减少对社会带来的损失。随着环境问题的显现，学者们纷纷开始采用环境风险治理模式对环境污染问题进行探究，环境风险治理这一理念已得到学术界、专家和行政领导的一致认同。有人提出包容性风险治理（inclusive risk governance）的概念，提倡通过让相关参与者贡献相关知识以及必要的价值观念，

① 李宇."互联网+政务"解决社会治理问题——贵州省政府大数据应用经验的启示 [J]. 中国党政干部论坛，2015（06）：24-28.

② 王国华，杨腾飞. 社会治理转型的互联网思维 [J]. 人民论坛·学术前沿，2016（05）：24-34.

民主讨论参与决策过程，以图制定高效、公平和符合道德的风险治理决策①。陈晓钢与武晓峰提出可利用西方国家的环境风险治理模式而非传统管理模式来治理我国土壤地下水污染。② 还有人以上海金山化工区规划环评事件为案例研究指出，可以通过媒体间不同声音的良性互动、政府及其官员的公信力建设、政府和企业与公众的坦诚交流、生态补偿机制完善等多种方式共同处理环境风险事件，降低其转变成社会风险的概率，推动公共治理和决策的现代化。③ 中国环境风险治理转型的动力机制只有依赖于外部动力与内部动力的有效对接与耦合，才能实现合法性与有效性的统一④，"科技民主化和生态民主化"对科技专家的权威地位形成了各种不确定性的挑战，为"政府主导、企业担责、公众参与、社会监督"的综合治理体系提供了有益的借鉴。已有研究虽指明了目标，但并未提供可行的路径手段，究竟如何来促进环境治理各方参与到治理中来呢？如何实现我国环境风险的有效治理，因此仍需进一步研究讨论来促进环境风险治理手段的转变。

虽然大数据、"互联网+"与经济治理、政府变革、公共服务、城市管理、教育革命、公共外交、公共安全等方面相结合的研究确有不少⑤，李娜等也提出了大数据的思想和方法在环境预警、环境政策、环境目标设定和综合管理方面提供的帮助⑥。网络社会兴起背景下我国的环境风险的网络治理主题研究也由此兴起。环境风险治理能力是一个国家整体治理能力的有机组成部分，

① RENN O, SCHWEIZER P J. Inclusive Risk Governance: Concepts and Application to Environmental Policy Making [J]. Environmental Policy and Governance, 2009, 19 (03): 174-185.

② 陈炼钢, 武晓峰. 基于环境风险的土壤地下水污染治理 [J]. 环境保护, 2005 (10): 52-55.

③ 屠骏. 新媒体传播中环境风险的话语权争议、权力运作和治理路径 [J]. 新媒体与社会, 2017 (02): 73-89.

④ 郑石明, 吴桃龙. 中国环境风险治理转型：动力机制与推进策略 [J]. 中国地质大学学报 (社会科学版), 2019, 19 (01): 11-21.

⑤ 维克托·迈尔-舍恩伯格, 肯尼西·库克耶. 大数据时代：生活、工作与思维的大变革 [M]. 盛杨燕, 周涛, 译. 杭州：浙江人民出版社, 2013：3-131.

⑥ 李娜, 田英杰, 石勇. 论大数据在环境治理领域的运用 [J]. 环境保护, 2015, 43 (19): 30-33.

互联网与大数据时代的来临，使得环境风险治理模式产生了重大变化。但是总体上看，关于打造绿色空间、"互联网+"环境风险治理的文献并不多见，且内容还不够完善。关于利用"互联网+"实现治理思维和治理方式转变的价值意义、发展困境、推进策略等问题还未能给予具体的回答。我们认为，"互联网+绿色空间"是实现包容性打造绿色空间的途径手段。"互联网+绿色空间"旨在将移动互联网、云计算、大数据、物联网等信息通信技术运用到打造绿色空间之中，改变原来传统的环境管理模式，创造一种更高效的环境治理新模式。因此，继续讨论"互联网+"与打造绿色空间仍具有重要理论和现实意义。本书拟在大数据的背景下，探索"互联网+绿色空间"的价值、治理困境、治理理念等内容，展望智慧治理，推进当今环境治理体系重构研究。

（三）"互联网+"对打造绿色空间的价值背景

"互联网+"是把互联网的创新成果与经济社会各领域深度融合，推动技术进步、效率提升和组织变革，提升实体经济创新力和生产力，形成更广泛的以互联网为基础设施和创新要素的经济社会发展新形态。① 当前国情下我国环境风险的治理是一种复合型治理②，而运用互联网正是使这种复合型治理变得高效的一种技术方式。"互联网+"对打造绿色空间的作用就在于通过对海量数据的快速收集与挖掘、及时研判与共享，帮助决策者对打造绿色空间进行科学决策和准确预判，以改进传统社会治理存在的群众参与积极性不高、治理主体单一、决策不科学等问题。

1. 激发公众参与打造绿色空间的积极性

过去公民参与政治的方式，比如，选举人民代表表达群众的意见，或是听证会、信访等，因为参与成本高（时间成本、经济成本等）造成"政治冷漠"现象。③ 互联网的经济便捷性则能使互联网成为公民参与社会运动最重

---

① 黄娟，石秀秀. 互联网与生态文明建设的深度融合 [J]. 湖北行政学院学报，2016 (04)：63-68.

② 王芳. 转型加速期中国的环境风险及其社会应对 [J]. 河北学刊，2012，32 (6)：117-122.

③ 曾润喜，郑斌，张毅. 中国互联网虚拟社会治理问题的国际研究 [J]. 电子政务，2012 (09)：56-60.

要的工具①，使公众积极主动参与打造绿色空间成为可能，做到"公众不出门，能知环境天下事"。第 44 次《中国互联网络发展状况统计报告》显示，截至 2019 年 6 月，我国网民规模为 8.54 亿，互联网普及率达 61.20%，较 2018 年年底提升 1.60%。我国手机网民规模达 8.47 亿，网民中使用手机上网的比例达到 99.10%，由此可见手机上网已成为网民最常用的上网渠道之一。通过一台手机终端，公众能够得知各种环境参数的实时变化。环保机构通过建立自己的官网和官方微博，能够及时更新各项环境数据和环境事故处理进度实况，这有利于公民对各种环境问题进行长期跟踪关注。2006 年，马军及其团队开发了中国水污染地图和中国空气污染地图，这两张地图记录了几万条关于企业违规超标的信息，在其影响下许多企业都纷纷进行了改进。以互联网为代表的数字技术正在加速与环境生态各领域深度融合，大幅降低了我国公众参与打造绿色空间的成本，提高公众参与积极性。

2. 增进打造绿色空间主体间的协同治理能力

打造绿色空间是一项系统工程，并不能靠任何单一政府部门或组织就可以解决，它需要全社会的广泛参与。邻避事件、环境群体性事件发生的诱因大都是民众获取信息渠道少，加之与政府部门缺乏沟通。运用大数据平台可以让群众准确了解地方的生态状况和环境信息，减少环保治理主体间的信息不对称问题。大数据与互联网、微信、微博等新媒体的深度融合，打破了时间和空间的限制，从更深层次、更广领域促进政府与民众之间的互动，形成多元协同治理的新格局。② 政府部门、社会组织、企业应开放更多数据，通过利用跨部门、跨区域和跨行业数据，最大程度地开发、整合和挖掘环境风险数据③，从而构建政府为主导、企业为主体、社会组织和公众共同参与的环境

---

① MARMURA S. A Net Advantage? The Internet, Grassroots Activism and American Middle-Eastern Policy [J]. New Media & Society, 2008, 10 (02)：247-271.

② MCGREGOR D. Mino-Mnaamodzawin Achieving Indigenous Environmental Justice in Canada [J]. Environment and Society-Advances in Research, 2018, 9 (01)：7-24.

③ 王国华，杨腾飞. 社会治理转型的互联网思维 [J]. 人民论坛·学术前沿，2016 (05)：24-34.

治理体系。

3. 提高打造绿色空间决策科学性和效率性

大数据的大不是绝对意义上的大，它是指不用随机分析法这样的捷径，而采用所有数据的方法。[①] 大数据技术是基于全体数据做相关分析，不同于过去的由部分推论总体的方法，因此误差更小。在一定程度上，它摈弃了决策者的经验、直觉和拍脑袋决策而是用全体数据说话。生态环境是一个复杂多变的巨型系统，大数据对相关性、混杂性和整体性数据的关注，能给决策者提供更精确、更全面的参考信息。众所周知，在传统的环境管理中，环境决策者与决策执行者间往往缺乏有机统一，而引入大数据技术，通过对城市环境各方面进行整合、挖掘与深度开发，可以指导环境治理主体更科学更高效地决策。

（四）"互联网+绿色空间"的发展困境

"互联网+"给治理环境风险指明了一条道路，但是这条道路并不是一帆风顺的。在推广"互联网+"技术治理环境风险时存在一些局限和障碍。我们试图从制度、理念以及应用三个方面分析困境。首先从制度方面看，打造绿色空间缺乏系统的顶层设计，导致治理主体和数据管理呈现碎片化。其次从理念方面上看，各环保主体"互联网+绿色空间"意识淡薄。最后从应用方面上看，大数据领域的应用人才十分欠缺。

1. 治理主体与数据管理碎片化

互联网的发展给人们的生活和工作带来了极大的便利，但是利用其治理环境风险的情况不太理想。一方面是治理主体的碎片化。政府在打造绿色空间中发挥着非常重要的作用，府际关系则是直接关系到政府效能发挥的主要因素，可是我国现有的环境风险管理体制在政府间横向关系和纵向关系上都

---

① DONG M H, SHU Q J. 40 Years' Rural Environmental Protection in China: Problem Evolution, Policy Response and Institutional Change [J]. Journal of Agricultural Extension & Rural Development, 2016, 8 (01): 1-11.

有一定的缺陷，造成一定程度上的"政府失灵"①，应急管理部与环境管理部等有不少政府部门都涉及环境风险管理，由政府、企业与社会公众等多元主体协同治理局面还未形成，各治理主体之间缺乏有效整合和沟通，并且公众和专家间对于打造绿色空间方式也存在较大的分歧②。因此，如何实现政府、公众、专家等多元治理主体的有效整合，成为"互联网+绿色空间"亟待解决的问题。

另一方面是环境数据管理的碎片化。我国环境数据的收集、使用标准不一，不同单位和部门掌握着不同的数据信息，各级地方政府的生态环境部门所采集的数据信息没有得到充分共享和挖掘应用。有人以我国最发达的北京、上海、广州三市的政府环境数据开放平台为研究对象，分析得出当前政府环境数据开放存在数据准确性与使用度偏低，平台双向沟通与末端参与缺位，管理规则缺乏与"数据孤岛"三个主要问题。③ 其他地方就更加存在数据信息"孤岛"状态。

2. 打造绿色空间主体意识淡薄

民众、地方政府与企业是环境风险多元协同治理主体中最主要的三个主体，而这三者的风险治理意识亟待提升。

第一，民众对环境风险感知不足。由于风险本身具有高度的不确定性，当人们面对环境风险时，对事情的接收、解读和决策常常依靠自身主观的感觉，这种单靠本身的主观感受对事情做出判断的过程就是"风险感知"④。有研究者基于对 2010 年中国社会调查（CGSS2010）数据的因子分析得出中国民众的一般性环境风险感知、污染性环境风险感知和技术性环境风险感知的

---

① 陈海嵩，陶晨. 我国风险环境治理中的府际关系：问题及改进［J］. 南京工业大学学报（社会科学版），2012，11（03）：29-36.

② 蔡文灿. 论环境风险治理中公众与专家的分歧与弥合［J］. 华侨大学学报（哲学社会科学版），2017（06）：89-99.

③ 刘奕伶. 环境数据开放视阈下的公众参与环境治理——基于对国内三市政府环境数据开放现状的维度分析［J］. 安徽行政学院学报，2018（04）：106-112.

④ 周全，汤书昆. 媒介使用与中国公众的亲环境行为：环境知识与环境风险感知的多重中介效应分析［J］. 中国地质大学学报：社会科学版，2017（05）：80-94.

百分化分数分别为 73.6076、71.4259 和 54.6025。① 因此，提高公民的环境风险感知意识还十分重要。

第二，地方政府的打造绿色空间动员与推进不到位。绿色发展观要求地方政府履行生态职能并承担起生态环境治理的重任。中央对地方政府的环保考核要求高，在地方政府生态环境治理取得一定成效的同时，地方政府在环境治理中面临了公共价值冲突，在财政压力作用下，在环境治理中"重发展，轻环保"的现象仍然屡见不鲜②，还存在着政府生态职能履行不到位、生态环境治理动员不足、合作不力、监管不完善等问题，阻碍着生态环境问题的解决。个别地方政府逐底的税收竞争显著也加剧了本地环境污染，对邻近地区具有正向溢出效应，抑制了环境治理政策的效果。③ 我们需通过环境风险治理模式转型，环境治理悖论破解，督促地方政府和公民社会从等待走向环境治理的行动，塑造地方政府核心行动者的生态治理意愿与合理生态治理行为，从而有效保障政府生态治理的持续性绩效。

第三，社会企业对于治理环境风险积极性不高。一方面，企业作为经济人，考虑的是如何用最小的成本获取最大价值的回报。因此，他们在进行各项活动时通常会进行成本和收益分析。控制环境风险要求企业采取先进工艺，进行绿色生产，提高对环境风险控制以及对突发环境事件的应急处置能力，这无疑要增加企业的投入，而这些投入短期内很可能不会收到实效。因此，一些企业认为这会导致成本增加而利润减少，故而就缺乏主动采取措施消除和防范潜在环境风险和隐患的积极性。另一方面，相关法律法规不健全，监管部门缺乏监管与惩罚措施。因此，大部分企业会选择铤而走险，选择在不符合安全生产的条件下冒险生产，使得企业累积大量环境风险，极易演变成

① 王丹丹.环境风险感知对环境友好行为的影响机制分析 [J].云南行政学院学报，2019，21（02）：95-100.
② 包国宪，关斌.财政压力会降低地方政府环境治理效率吗——一个被调节的中介模型 [J].中国人口·资源与环境，2019，29（04）：38-48.
③ 上官绪明，葛斌华.地方政府税收竞争、环境治理与雾霾污染 [J].当代财经，2019（05）：27-36.

环境突发事故。如紫金矿业在多次环境隐患排查治理不力的情况下最终导致了 2010 年铜酸水渗漏事故的发生，致使汀江部分河段污染及大量网箱养鱼死亡。[①]

3. 大数据技术应用人才欠缺

由于我国大数据人才培养起步较晚，因此大数据专业应用人才总量欠缺，供不应求。清华大学经管学院 2017 年 11 月发布的《中国经济的数字化转型：人才与就业》报告显示，目前全国的大数据人才总数只有 46 万，未来的 3—5 年内我国大数据领域人才缺口高达 150 万，到 2025 年将达到 200 万。该报告同时显示，现有的大数据人才行业分布不均，约 50% 的数字人才分布在互联网、信息通信等信息技术基础产业，其余分布在以制造、金融和消费品为首的传统行业，较少分布在政府相关机构。"互联网+"技术是信息、科技发展的产物，也是最近几年才开始流行，就专业人才的聚集和知识的渗透程度来说，企业和社会组织的情况要好于政府机构。

从政府内部看，在个别地区，存在建立环境数据管理平台却"形同虚设"的情况，环境数据仅仅只是从纸上转移到电脑上，一方面政府内部工作人员自身对互联网数据库使用不够熟练，另一方面也缺少能够进行整体指导和带领环境治理工作的专业应用人才——具有大数据处理专业知识背景的技术人员。此外，由于大数据信息来源渠道的多元，数据挖掘和处理不仅要求工作人员对政府部门的运作逻辑有清晰的认识，还要求其具备深厚的数据处理理论和技能。这对政府部门的环境数据管理提出更高要求，亟须具有大数据技术应用能力的复合型人才，且对人才能力的需求更加趋向"多元化和专业化"。[②]

（五）"互联网+绿色空间"需具备的理念

意识指导人的行为，要突破"互联网+绿色空间"的瓶颈，首先要实现治

---

① 张英菊. 环境风险治理主体、原因及对策 [J]. 人民论坛，2014（26）：75-77.
② 王山. 大数据时代中国政府治理能力建设与公共治理创新 [J]. 求实，2017（01）：51-57.

理理念的转变。打造绿色空间理念是对传统环境管理理念的一次变革和创新。为了突破"互联网+绿色空间"困境，构建"互联网+绿色空间"模式，我们基于环境治理的主体实践的自身、平台及其行动逻辑，论述五大治理理念，即绿色意识、平台思维、迭代观念、群众路线思想和细微服务理念。绿色意识是环境治理自身所具有宏观性质的核心要求，平台思维与迭代观念是"互联网+绿色空间"的中观层次的平台建设要求，而群众路线思想和细微服务理念为环境治理模式在微观层次满足社会需要动员社会参与的保障。

1. 绿色意识

绿色意识是打造绿色空间的核心，它是指人与自然、环境与社会和谐共生的发展意识，以效率、和谐和持续为目标，是一种对环境风险源头进行预判和前端控制的宏观意识，它不同于以往传统环境管理中经济发展至上、对环境污染进行末端治理的理念。习近平总书记在党的十九大报告中提出要像对待生命一样对待生态环境，统筹山水林田湖草系统治理，实行最严格的生态环境保护制度，形成绿色发展方式和生活方式，坚定走生产发展、生活富裕、生态良好的文明发展道路，建设美丽中国。"绿水青山就是金山银山"①，绿色意识的提出，有利于培养公民环境意识，使政府、企业和社会各主体牢记环境治理的初衷和目标，推动全社会形成绿色发展自觉。

2. 平台思维

智慧环保平台是打造绿色空间的载体，它是拓宽社会公众参与环境治理的一种有效途径，它可以以某个企业、某个区域、某个时段等作为分析对象，依靠数据的相互印证和补充而实现准确分析。各种物联网传感器、投诉系统和人工测量结果的自动综合可以及时发现环境危险信号，将危险消灭在萌芽状态中。依靠云计算平台的海量存储能力，不断积累历史数据，可以对监测对象和整体环境趋势进行长期的跟踪和分析。平台思维是指环境风险的治理要依托各种智慧环保平台，目前许多地方的生态环境部门已经陆续建立起

---

① 习近平. 习近平在哈萨克斯坦纳扎尔巴耶夫大学发表重要讲话 [EB/OL]. 人民网, 2013-09-08.

"污染源在线监测系统""环境空气质量监测系统""危险固体废弃物管理系统""核与辐射管理系统"等多套业务系统，但目前各个系统间尚难以有效共享与集成，缺乏统一的数据管理模式，最终导致环境治理碎片化。因此，政府需要依靠云计算、物联网和信息网格技术，构建"智慧环保云平台"。具备平台思维有利于促进大数据等技术与智慧环保平台的高度融合，使治理方式打破时空的限制，实现环境全体数据的准确分析以及对环境的长效管理。

3. 迭代观念

迭代观念是"互联网+绿色空间"平台的服务保障。"迭代"这个词最先出现于商业。传统企业做产品的路径是：不断完善产品，等到商品完美的时候再投向市场，而修改完善就要等到下一代产品了。迭代观念讲究的是快，通过与用户不断地参与沟通不断修改产品，实现快速迭代，日臻完美。在打造绿色空间中，迭代观念的重点同样在于"快"。一方面是技术的迭代，即智慧环保平台要对海量环保数据进行智能化提取、迭代分析；另一方面是指环保主体对于预测出来的风险要具备快速、准确、不断地对风险做出反应，及时提出对策的能力。对于环境治理，环保数据的迭代可以预测风险的发生以及验证环境决策是否正确。

4. 群众路线思想

群众路线思想是打造绿色空间模式的基层效果保障，确保环保主体要时刻重视人民群众，充分利用群众力量。近年来，随着人们对环境问题的关注和公民意识的觉醒，公众已经成为环境管理的重要组成部分。公众所产生的环境数据也是环保大数据的重要来源之一，越来越多的社会力量开始进入环境治理领域。"互联网+"时代的到来，使得企业、社会与个人都能参与到打造绿色空间中来。利用群众智慧治理环境风险有利于降低治理成本，在一定程度上还能缓解社会阶层之间的矛盾。北京警方通过"朝阳群众"，破获了多起明星吸毒等大案。北京警方官微"平安北京"对朝阳群众如是评价："警方工作离不开大家的支持和配合，不论是案件线索收集还是交通、消防、治安隐患排查，大家都可以来做朝阳群众。"对于打造绿色空间，政府部门也可以开发公民环境治理 App，使得人人都是一个传感器，人人都产生数据，通过一个终端，人们可以随时随地分享环境数据，在一定程度上，整个社会就编织成了一张环境监测网。

5. 细微服务理念

迭代观念和群众路线思想的贯彻落实最终体现在打造绿色空间的细微服务理念上。具备细微服务理念，才能把群众服务好，赢得群众的信任和好感，群众持续参与才具有保障基础。群众的需求就是服务的方向。细微服务的重点在于"微"，即从小处着眼，进行微创新。在打造绿色空间中，细微服务理念体现在通过设置全面、微小的功能，使环境服务更便捷、更高效，以"互联网+"用户为中心，用户体验第一，积极与群众互动，提供参与式服务，提高"群众黏性"。比如，开发满足社群社交需要的功能，带动公众参加；在环保平台中设置风险识别、风险分析、风险评价、风险预警、风险处置和风险监控等功能区域，让浏览者对环境数据"了如指掌"，这有利于环保主体对环境变化做出快速的应对措施，提高环境决策的高效性和前瞻性。

（六）"互联网+绿色空间"展望

"互联网+"等信息技术与政府治理的融合日趋深入，智慧治理作为一种新型的政府治理模式正在推动新一轮政府转型。现阶段我国在环境风险治理方面的压力不容小觑，有效提高环境治理能力才能规避和应对风险。在社会变迁的背景下，我们需要采取措施，利用"互联网+"治理环境风险，推进我国的环境治理走向智慧治理阶段①，实现环境治理模式转型发展。

1. 进一步提高公众环境风险感知度，贯彻"互联网+绿色空间"思维

政府应利用互联网平台普及环境风险的相关知识和传播相关信息。打造绿色空间一直强调多元主体的协同努力，但现实状况是由于我国环境应急管理体系建设存在严重的不平衡现象，基层环境应急管理工作相对薄弱。② 同

---

① 董海军，郭岩升. 中国社会变迁背景下的环境治理流变 [J]. 学习与探索，2017（07）：27-33.

② 马文亮，靳雪城，李霞. 加强基层环境应急管理工作对策探讨 [J]. 甘肃科技，2018，34（09）：4-5, 28.

时，公众由于对环境风险知识了解不足，往往对此提不起兴趣，也就不会关注环境保护的相关数据，导致大数据的实际利用率较低。因此，首先应让公众充分了解国家目前面临的各类风险灾害和威胁，大力开展全民生态环境风险教育，培养公众应时而动的风险观。① 其次要让公众意识到利用互联网技术进行环境保护的优越性和必要性。最后激发公众自身对环境数据进行挖掘分析的能力，使之参与到环境风险的识别、分析、评价甚至是环境决策中来。与此同时，政府应利用"互联网+"建立大数据监督管理体系。目前我国的环境污染监督多是行政内部监督，这种监督体制对行政机关的约束较小，难以实现环境决策的有效监督和责任追究。② 因此，政府应在监督体系上进行改革创新，利用社会监督的力量。公众通过政府或企业公布的环境监测数据，可以时刻关注到空气污染、水污染、噪声污染、垃圾污染、雾霾等环境污染的变化和异动，实现真正意义上的全面监督。比如，公众意识到雾霾的危害，于是有越来越多的人开始关注雾霾形成的原因和影响，也有越来越多的人参与到空气污染物的治理中来。只有环境意识提高了，环保行为才能潜移默化地形成。环境保护的行为需要群众基础，只有让大众去认知和参与，才能提高全社会的打造绿色空间意识和处理能力。

2. 完善打造绿色空间制度的顶层设计，构建"互联网+绿色空间"平台

环境风险具有动态性和不确定性，其治理也应是一个连续不断的动态过程，因此政府应从国家层面出发建立一套宏观风险治理体系。第一，加强地方政府各职能部门之间的合作机制，包括环境数据、信息、资源、人员及设备的共享与合作，同时注重环境治理的信息安全与敏感信息的脱敏发布。当环境风险出现苗头时，职能部门之间及时通气，以快速有效地采取应对措施。国外研究证明，如果公共部门对大数据使用的规划不足，即使引入大数据技

---

① KLIEVINK B, et al. Big Data in the Public Sector: Uncertainties and Readiness [J]. Information Systems Frontiers, 2017, 19 (02): 267-283.

② 周利敏. 迈向大数据时代的城市风险治理——基于多案例的研究 [J]. 西南民族大学学报 (人文社科版), 2016, 37 (09): 91-98.

术也没有能力使用大数据。① 这说明没有强有力的权威领导，"互联网+"技术也无法发挥改善环境的作用。第二，建立大数据标准体系及共享平台。政府应利用互联网技术做好环境数据库的统一规划，改变数据壁垒和数据孤岛现象，扭转政府单一治理、效率低下和成效不彰的局面②，实现环境决策对公众参与逐渐开放并赋权的制度变迁③。第三，大力培养大数据应用人才。信息科学技术更新速度快，政府应提供相应的平台，使治理主体不断进行知识的更新学习，比如，定期举办大数据、云计算与环境风险知识的讲座与培训，或是设置相应的奖励机制，给予这方面素养较高的人才相应奖励，使体制内工作人员的素质与"互联网+绿色空间"目标相匹配。

3. 提高环境决策科学性和准确性，实现多元协同治理目标

环境风险越来越复杂，对打造绿色空间的技术提出了相应挑战。专业的治理技术和水平是打造绿色空间的有效保证。传统环境管理崇尚"常规科学方法"的技治主义模式，期望寻求关于环境风险的确定性、真理性的科学结论。④ 部分环境污染事件的确会涉及化学品、水、大气、土壤等专业知识，因此需要具备环境科学知识的专家参与决策的制定，但同时也不可忽略存储了众多数据的互联网工具，环境风险决策正趋向于较少的"技术统治论"⑤。政府应大力建设环境资源动态监测平台，通过收集全体环境数据做环境最终决策。国外研究表明，与大数据相关的工具更容易侦测和量化到诸如毁林、荒漠化和气候变化等环境风险。例如，全球森林观察（GFW）是运用大数据、

---

① 朱正威，刘泽照，张小明. 国际风险治理：理论、模态与趋势［J］. 中国行政管理，2014（04）：95-101.

② 陈海嵩，陶晨. 我国风险环境治理中的府际关系：问题及改进［J］. 南京工业大学学报（社会科学版），2012，11（03）：29-36.

③ 李万新. 中国的环境监管与治理——理念、承诺、能力和赋权［J］. 公共行政评论，2008，1（05）：102-151，200.

④ 薛桂波. 从"后常规科学"看环境风险治理的技治主义误区［J］. 吉首大学学报（社会科学版），2014（01）：42-47.

⑤ POWER M, MCCARTY L S. Peer Reviewed：A Comparative Analysis of Environmental Risk Assessment/Risk Management Frameworks［J］. Environmental science & technology，1998，32（09）：224-231.

云技术和众包等技术，近距离实时测绘森林相关的大数据信息平台，每隔几周更新一次数据和图像，并会发出火灾警报，有助于研究森林采伐、植树造林、火灾和森林退化等。分析师、决策者、环境保护者和其他人就可以利用这些数据来跟踪森林保护工作的进展情况。① 同时，社会组织、非政府组织（NGO）也应积极参与到打造绿色空间中来，实现政府、社会、公民多元主体协同治理的局面。

日益复杂的环境风险对治理机制提出了更高的要求，生态环境部发布的《生态环境大数据建设总体方案》提出了环境治理目标，未来5年内生态环境大数据建设要实现生态环境综合决策科学化、生态环境监管精准化、生态环境公共服务便民化。打造绿色空间恰逢大数据时代，给我们提供了机遇，也面临着挑战。与传统环境管理相比，"互联网+绿色空间"模式的最大创新之处在于动员社会各个主体实现环境风险的复合型包容性多元治理，实现我国从"数据大国"到"数据强国"的转变，为"互联网+"与其他社会问题治理打下坚实的基础，为其他社会风险治理总结良好的实践经验。

---

① HANSEN H K, PORTER T. What do Big Data do in Global Governance？[J]. Global Governance, 2017, 23（01）：31-42.

第九章

基本结论与讨论

在经过前述的各项子主题的论述后，最后做一个总结，并在总结的基础上对环境维权行为、绿色空间以及环境正义、环境治理进行初步讨论，探讨在多主体参与环境治理中所形成的经验，分析各主体参与的动力或压力是来自哪里？

一、基本结论

环境群体性事件已成为引发社会矛盾，影响社会稳定的重大问题，成了社会与学界关注的重点。党的十八大和十九大报告均强调了生态文明与建设美丽中国的重要性。近年来，环境污染引发的群体性事件的规模化和对抗性程度也日益增强，成为社会矛盾和社会冲突新的诱发因素。可环境群体性事件研究滞后，仍处在探索与起步阶段。虽然群体性事件的预警研究已经较充分，但环境群体性事件的独特性需要我们基于其自身特点建立趋势预警系统。

通过环境之维来重新理解中国经验是本研究的重要旨趣。环境社会学的社会资源积累与 20 世纪后半期相关的社会运动有密切关系。中国环境群体性事件同样能大力促进环境社会学的发展。本研究希望通过中国经验研究推动社会学对中国环境运动发展的本土化研究。

本研究所指的环境群体性事件是指由环境矛盾而引发，一定数量的民众参与并以群体上访、阻塞交通、围堵党政事业单位或企业组织等激进的群体性环境运动或环境维权抗争方式。通过研究，课题组得出以下观点。

第一，基于社会变迁话语框架梳理中国环境治理流变发现，环境群体性事件多发是当前环境治理阶段的特征，在社会各方环境意识提升、环境诉求渠道通畅后将迎来生态文明发展的新阶段。以社会变迁的研究视角梳理中国环境治理流变，能揭示环境治理的阶段特征，为环境群体性事件的研究提供社会政策宏观背景，因为环境群体性事件一定程度上是环境治理失灵情况下的反映，同时环境群体性事件又以反作用倒逼推进环境治理。环境问题及其治理变迁与环境群体性事件紧密相关。作为社会变迁发展所持续作用着的客观对象，环境治理变迁应被视为社会发展的重要组成部分。在社会变迁的背景下，中国环境治理经历了新中国成立初期的运动式治理、运动发展时期的治理倒退、世界影响下的应激开拓式治理、体制结构制约下的背离式治理与公众参与下的倒逼式治理五个阶段。以往对环境治理历程的研究仅以国家政策方针与战略理念等作为基本分析线索，形成线条式总结，而本研究基于社会变迁发展背景，"运动式、应激开拓式、背离式以及倒逼式治理"等环境治理流变的梳理基本上立体、动态、连续地反映了环境治理的阶段特征，呈现出与以往划分不同的特点，特别是在多元参与协同治理的发展趋势下，凸显环境问题及其治理的社会属性与社会性建构过程。不同于西方发达国家渐进工业化进程，中国时空压缩下的工业化发展引起社会剧烈变革，环境治理深刻体现中国经济、政治与社会的变革发展，一定时期内所形成的国家制度与治理体制既是环境治理的现实基础，也构成环境治理的制约条件。

第二，环境群体性事件依赖于民众的环境意识，更体现了民众的环境维权行为决策。国家层面从"人定胜天"的意识形态走向社会主义生态文明新时代，民众经历了从环境冷漠到尊重自然再到保护自然的反应，环境认知经历了从他者环境到生存环境再到规避环境风险。目前环境担忧正在蔓延，环保关注意识使得环境动员力量增加。调查发现，年龄、家庭收入、工作类型、环境友好行为对市民的维权行为具有显著影响。年龄与维权参与存在显著负相关，家庭收入、环境友好行为与维权参与存在显著正相关，收入越低、环境友好行为得分越低，环境维权参与意向越低；维权参与意向在职业类型上具有显著差异，在机关事业单位工作的人员比其他职业人员环境维权行为参与意向更高。通过人们对不同维权行动方案的选择的两两对比来考察人们的不同的维权行动方案选择倾向。虽然在排序的过程中，不同的参照标准之间有些许排序差异，但是总体的不同的参照标准的相对重要性大致类似，居民在遭遇环境纠纷或冲突时，优先选择中间人调解，其次为双方谈判，之后依次为打官司、上访、媒体曝光、忍受或搁置，很少会选择暴力冲突。但在其他方式无法满足诉求时，上访与媒体曝光阶段容易爆发群体性事件。课题组经过梳理相关文献及总结调研的经验，归纳出主要有社会关注度、情绪面子、经济因素、时间因素、资源熟人、结果预期、学别人样、法规政策八个方面的因素。通过调查对象在遭遇环境纠纷或冲突进行维权行动方案选择时考虑因素相对重要性的两两对比来进行分析得出：法规政策、经济因素>时间因素、资源熟人、结果预期>社会关注度>情绪面子>学别人样，也即影响人们维权方案选择的影响因素情况中，首先是经济因素和法规政策因素的影响力最大，其次是结果预期、资源熟人以及时间因素，再次是社会关注度、情绪面子、学别人样。

第三，民众的绿色空间意识上升，进而拓展到单位组织，从而形成环境共识，因此近年来环境群体性事件数量先升后降，底层性明显。通过对收集的近十几年来的1808起国内环境污染事件案例进行定量分析发现，有102起影响较大的环境群体性事件案例样本，2000—2015年我国环境群体性事件的发生数量经历了从迅速上涨到逐渐回落的历程；环境群体性事件多为事后抗争类型，地域分布广泛，以东部地区居多，其中农村地区是高发地；引发环境群体性事件的项目中接近一半未通过项目环评，且项目受益主体中企业和政府占据绝大比例，民众往往出于生存需求爆发环境群体性事件；这些环境群体性事件往往组织化程度较低，底层性明显。

第四，中国环境群体性事件是在历经投诉无积极回应且组织松散的一种维权策略行为，是对环境逆向共享的应激反应，事件处理中呈现法规悬置、中国式策略维稳的特点。随着经济的发展与城市的建设，近年来，由垃圾焚烧厂等邻避型公共设施引发的邻避事件在中国各大城市发生，邻避事件引发出许多社会矛盾，成为对中国城市管理者的社会管理能力的一个重要考验。民众的抗争方式具有效仿性，虽然主要冲击方式趋于和缓，但在事件发生过程中很容易向极端方向发展。同时我国环境群体性事件的处理具有很明显的应急性质，是未触及根源问题的事件处理。值得注意的是，互联网等新兴媒体在环境群体性事件的宣传和动员等方面发挥着越来越重要的作用。目前环境性群体事件带有区域性特征，但在新媒体的高关注及扁平化沟通作用下，呈现出突破区域而为其他地区的类似事件提供索引与路径示范的趋势，一个群体性事件对后续环境事件具有标本索引意义。

第五，网络性环境群体性事件承移动互联网而兴起，有着强烈的"共意"特征，参与者之间存在弱相关性，是一个模糊群体的渐进决策过程。我们基于环境议题的媒介建构与框架理论，对雾霾的全国性关注，背后体现的不仅仅是公众对于空气污染的担忧，更关乎着人类的生存状况、健康水平、生活品质等一系列严肃的问题。雾霾舆情的发展并非毫无依据可言，雾霾现状与舆情爆发呈正相关关系，雾霾愈严重，关于雾霾的舆情也越发火热，同时雾霾舆情伴随社会心态的变化。随着公众对于雾霾的认知越来越明晰，公众对于空气质量的需求也愈加丰富和明确。在雾霾常态化的现实面前，民众的心态务实般做出了适应性的调整与变化，呈现后现代的反讽戏耍、调侃恶搞、自黑自嘲等特征，随着空气质量的治理好转，雾霾舆情减弱，关于空气质量的社会心态也逐渐阳光，赞扬蓝天保卫战的行动。雾霾舆情的处理会影响社会心态，处理得不好会引起公众的焦虑，处理得好能够增强公众对于未来的信心。以雾霾话题为例对环境话题网络性群体事件及其治理进行分析，以展现中国环境群体性事件发展趋势，为建立预警指标体系提供中国经验。

第六，"互联网+绿色空间"的理念是绿色空间治理的方向。建立起环境群体性事件的预警机制对于环境群体性事件的防治与疏导有着较强的现实意义，在一定程度上能为政府降低环境危机和风险提供思路和帮助。当今环境风险呈现出复杂性和不确定性，环境群体性事件的发生，传统环境管理方式已无法满足公众对环境质量的期盼。随着"互联网+"其他行业的践行，"互联网+绿色空间"逐渐走进人们的视野。利用互联网技术治理环境风险需具备五大理念，即绿色意识、平台思维、迭代观念、群众路线思想和细微服务理念。同时，要求治理主体突破"互联网+绿色空间"困境，完善打造绿色空间顶层设计，通过贯彻"互联网+绿色空间"思维进一步提高公众环境风险感知度以及环境决策科学性和准确性，最终实现环境治理模式转型发展，构建政府为主导、企业为主体、社会组织和公众共同参与的环境智慧治理体系。

二、相关讨论与研究不足

绿色空间是环境维权的结构机会。环境维权是为了绿色空间，绿色空间更是环境群体性事件消解的场域。绿色空间的增长促进了环境维权，共同推进环境治理进步，进而实现绿色空间的再生产，消解了环境群体性产生的基础。最后我们讨论了本研究的一些不足以及以后努力的方向。

（一）环境公平：空间性的差异

绿色空间是环境维权存在以及消解的场域，既是一种实体存在，也是一种建构话语。在空间社会学视角下，环境污染具有局地空间性，存在社会公平问题。但具有高度流动性的低度空气污染（如雾霾），在一定程度上突破了局地性，形成了全域全民的共同体意识，从而消解了环境公平性问题，形成了长时的网络舆情话题。在认识论与方法论的基础上，我们确实可以沿着"地理空间—群体—社会空间"的研究框架①继续进行深化研究。

1. 邻避事件的产生在于环境空间实体存在的局地性，环境公平问题成为重要的社会公平议题

在大气污染之前，局地污染引起环境公平的问题，地域群体由于责任集

---

① 刘一鸣，吴磊，李贵才. 空间理论的图景拓展——基于哈格斯特朗与布迪厄的理论互构研究［J］. 人文地理，2019，34（06）：1-9.

中、受害明确而较容易形成集体意识与行动，产生社会关系意义上的空间社会。绿色空间的治理规划所面临的公平性问题日渐凸显。大家认为环境公平应基于分配正义的空间可达性、参与正义的空间多样性和包容性以及能力正义的空间可用性①，使之成为最普惠的民生福祉。致力于追求社会公平的社会工作也需要把环境公平纳入其中。在社会工作理论层面引入物理环境变量，促进"人在环境中"学科视角的范式转换，建立中国的环境社会工作，推动中国环境治理发展，为生态文明建设做出学科贡献。②

2. 绿色空间增长话语是环境抗争的"机会之窗"

环境群体性事件发生的先升后降可能就源自民众的绿色空间意识上升。良好生态环境是最公平的公共产品，是最普惠的民生福祉。民众对其生活的环境是最关心的，当其周边环境受到破坏和影响时，其受害感最强烈，因此容易发生群体性事件。但是当包括企业单位以及政府决策的工作人员等绿色空间意识超越了经济利益的短时追求，重视绿色GDP，各地贯彻落实习近平总书记"两山"理论时，环境冲突自然就会在绿色空间营造的共识中得到一定程度的消解。我们从环境政策角度可以看到，"绿色化"的国家发展观、开放的环境政策体制建构了绿色空间的话语。社会政治实践中不断增强权利意识、公民意识与能力，民众使用与意识形态相一致的权利话语、官方话语来扩大得到有利结果的机会，构建起之于环境抗争的合法性与合理性。

3. 雾霾网络性环境群体性事件凸显环境空间的公共性，具有负性的全民公平性

雾霾不仅仅是一个技术问题，也是一个社会问题，使得局域性污染、流域性污染转向全域性的空间污染，将严肃的环境公平正义议题逐渐消解，人人不可避免。雾霾之下，我们每个人都伤不起。正因为这样一个问题，不存

---

① 秦红岭. 基于环境正义视角的城市绿色空间规划 [J]. 云梦学刊, 2020, 41（01）: 41-49.

② 程鹏立. 环境社会工作: 理论、实务与教育 [J]. 中国矿业大学学报（社会科学版）, 2020, 22（06）: 94-103.

在局地的群体性事件，但在网络上能引致长时的舆情话题，并最终激发政府的蓝天保卫战行动。

4. 重视并推进绿色环境空间的"互联网+"趋势

随着生态文明建设快速推进，作为人们生产生活所处的空间的生态性愈显重要，特别是在深入贯彻落实习近平总书记"两山"理念的背景下，山水绿色空间获得了政治空间，也就从 GDP 至上的经济空间上获得了重生，保护生态环境就是保护生产力成为广泛共识。2013 年 9 月 7 日，习近平总书记在哈萨克斯坦纳扎尔巴耶夫大学发表演讲并回答学生们提出的问题，在谈到环境保护问题时他指出："我们既要绿水青山，也要金山银山。宁要绿水青山，不要金山银山，而且绿水青山就是金山银山。"① 这生动形象地表达了我们党和政府大力推进生态文明建设的鲜明态度和坚定决心。如何推动绿色空间治理呢？笔者认为，需要重视并推进绿色环境空间的"互联网+"趋势。

当今环境风险呈现出复杂性和不确定性，10 年前的一段时期，环境群体性突发事件常见于网络，反映出传统环境管理方式无法满足公众对环境质量的期盼，环境治理过程中存在治理主体间信任缺失，风险沟通机制不够健全，政府主导惯性仍然存在等问题。随着"互联网+"其他行业的践行，"互联网+"打造绿色空间逐渐走进人们的视野。利用互联网技术治理环境风险需具备五大理念，即绿色意识，平台思维，迭代观念，群众路线思想和细微服务理念。同时，要求治理主体突破"互联网+"打造绿色空间困境，完善打造绿色空间顶层设计，通过贯彻"互联网+"打造绿色空间思维，进一步提高公众环境风险感知度以及环境决策科学性和准确性，最终实现环境治理模式转型发展，构建政府为主导，企业为主体，社会组织和公众共同参与的环境智慧治理体系。

（二）研究不足

由于群体性事件的研究内容的相对敏感性，通过实地调查收集资料遇到超预期的阻力，未能进行原计划的大范围内调查，更多的是基于网络来搜索

---

① 习近平. 习近平在哈萨克斯坦纳扎尔巴耶夫大学发表重要讲话［EB/OL］. 人民网，2013-09-08.

编码相关案例数据资料进行分析，从而案例数据可能是被网络筛选过的数据，在反映整体状况时存在失真的情况。

由于大样本真实情况获取的难度，预警研究流于一般性分析，实践检验更有待后续研究来体现。这成为一个重大挑战，更是需要进一步深入研究。

囿于能力所限和精力不足，思考讨论浅尝辄止，其中还存在不少不尽如人意的地方，也只能留待诸君多批评指正，笔者后续完善。

参考文献

中文文献

[1]《中国环境年鉴》编辑委员会. 中国环境年鉴 1990 [M]. 北京：中国环境科学出版社，1990.

[2] 朱狄敏. 公众参与环境保护：实践探索和路径选择 [M]. 北京：中国环境出版社，2015.

[3] 李定龙，常杰云. 环境保护概论 [M]. 北京：中国石化出版社，2006.

[4] 维克托·迈尔-舍恩伯格，肯尼思·库克耶. 大数据时代：生活、工作与思维的大变革 [M]. 盛杨燕，周涛，译. 杭州：浙江人民出版社，2013.

[5] 肖建华. 生态环境政策工具的治道变革 [M]. 北京：知识产权出版社，2010.

[6] 白列湖. 协同论与管理协同理论 [J]. 甘肃社会科学，2007 (05).

[7] 包国宪，关斌. 财政压力会降低地方政府环境治理效率吗——一个被调节的中介模型 [J]. 中国人口·资源与环境，2019，29 (04).

[8] 蔡守秋. 从斯德哥尔摩到北京：四十年环境法历程回顾 [C] // 全国环境资源法学研究会. 成都：可持续发展·环境保护·防灾减灾——2012年全国环境资源法学研究会（年会），2012.

[9] 蔡文灿. 论环境风险治理中公众与专家的分歧与弥合 [J]. 华侨大

学学报（哲学社会科学版），2017（06）.

［10］曾润喜，郑斌，张毅. 中国互联网虚拟社会治理问题的国际研究
［J］. 电子政务，2012（09）.

［11］柴发合：2013 年是我们针对雾霾全面开战的第一年［EB/OL］. 中
国政府网，2017-03-07.

［12］陈阿江. 文本规范与实践规范的分离——太湖流域工业污染的一个
解释框架［J］. 学海，2008（04）.

［13］陈海嵩，陶晨. 我国风险环境治理中的府际关系：问题及改进
［J］. 南京工业大学学报（社会科学版），2012，11（03）.

［14］陈炼钢，武晓峰. 基于环境风险的土壤地下水污染治理［J］. 环境
保护，2005（10）.

［15］陈颀，吴毅. 群体性事件的情感逻辑——以 DH 事件为核心案例及
其延伸分析［J］. 社会，2014（01）.

［16］程昆. 新时代预防和化解社会矛盾的基本理论研究［J］. 社科纵
横，2018（07）.

［17］程鹏立. 环境社会工作：理论、实务与教育［J］. 中国矿业大学学
报（社会科学版），2020，22（06）.

［18］丁烈云，何家伟，陆汉文. 社会风险预警与公共危机防控：基于突
变理论的分析［J］. 人文杂志，2009（06）.

［19］丁政宇. 乡村绿色空间营造理论初探［J］. 艺术科技，2017，30
（12）.

［20］董海军，郭岩升. 中国社会变迁背景下的环境治理流变［J］. 学习
与探索，2017（07）.

［21］杜雁军，马存利. 社会冲突论下农村环境群体性事件的应对［J］.
经济问题，2015（06）.

［22］冯仕政. 沉默的大多数：差序格局与环境抗争［J］. 中国人民大学
学报，2007（01）.

[23] 冯仕政. 社会冲突、国家治理与"群体性事件"概念的演生 [J]. 社会学研究, 2015 (05).

[24] 冯仕政. 西方社会运动研究: 现状与范式 [J]. 国外社会科学, 2003 (05).

[25] 冯仕政. 中国国家运动的形成与变异: 基于政体的整体性解释 [J]. 开放时代, 2011 (01).

[26] 付军, 陈瑶. PX 项目环境群体性事件成因分析及对策研究 [J]. 环境保护, 2015 (16).

[27] 高卫红. "绿色空间"——城市环境的保护问题 [J]. 国外城市规划, 1995 (01).

[28] 龚文娟. 约制与建构: 环境议题的呈现机制——基于 A 市市民反建 L 垃圾焚烧厂的省思 [J]. 社会, 2013, 33 (01).

[29] 谷军. 毛泽东的矛盾理论对解决转型时期社会矛盾的意义 [J]. 马克思主义学刊, 2015, 3 (02).

[30] 郭尚花. 我国环境群体性事件频发的内外因分析与治理策略 [J]. 科学社会主义, 2013 (02).

[31] 洪大用. 环境公平: 环境问题的社会学视点 [J]. 浙江学刊, 2001 (04).

[32] 洪大用. 理论自觉与中国环境社会学的发展 [J]. 吉林大学社会科学学报, 2010, 50 (03).

[33] 黄娟, 石秀秀. 互联网与生态文明建设的深度融合 [J]. 湖北行政学院学报, 2016 (04).

[34] 黄炜虹, 齐振宏, 邬兰娅, 等. 农户环境意识对环境友好行为的影响——社区环境的调节效应研究 [J]. 中国农业大学学报, 2016 (11).

[35] 蒋建湘, 徐舒婷, 姚永峥. 企业环境责任探析 [J]. 浙江学刊, 2010 (06).

[36] 蒋一可. 论风险导向型决策和我国环境治理 [J]. 科技与法律,

2016（01）.

［37］李丽华，刘舒. 群体性事件预警指标体系研究［J］. 中国人民公安大学学报（社会科学版），2011（06）.

［38］李亮，宋璐. 性别、性别意识与环境关心——基于大学生环境意识调查的分析［J］. 妇女研究论丛，2013（01）.

［39］李娜，田英杰，石勇. 论大数据在环境治理领域的运用［J］. 环境保护，2015，43（19）.

［40］李万新. 中国的环境监管与治理——理念、承诺、能力和赋权［J］. 公共行政评论，2008，1（05）.

［41］李伟权，谢景. 社会冲突视角下环境群体性事件参与群体行为演变分析［J］. 理论探讨，2015（03）.

［42］李永亮. "新常态"视阈下府际协同治理雾霾的困境与出路［J］. 中国行政管理，2015（09）.

［43］李玉恒，刘彦随. 中国城乡发展转型中资源与环境问题解析［J］. 经济地理，2013（01）.

［44］李宇. "互联网+政务"解决社会治理问题——贵州省政府大数据应用经验的启示［J］. 中国党政干部论坛，2015（06）.

［45］林兵. 中国环境社会学的理论建设——借鉴与反思［J］. 江海学刊，2008（02）.

［46］林兵. 中国环境问题的理论关照——一种环境社会学的研究视角［J］. 吉林大学社会科学学报，2010，50（03）.

［47］刘传江，赵颖智，董延芳. 不一致的意愿与行动：农民工群体性事件参与探悉［J］. 中国人口科学，2012（02）.

［48］刘春燕. 中国农民的环境公正意识与行动取向——以小溪村为例［J］. 社会，2012（01）.

［49］刘海龙. 环境正义：生态文明建设评价的重要维度［J］. 中国特色社会主义研究，2016（05）.

［50］刘敏婵，孙岩. 国外环境 NGO 的发展对我国的启示［J］. 环境保护，2009（02）.

［51］刘能. 社会运动理论：范式变迁及其与中国当代社会研究现场的相关度［J］. 江苏行政学院学报，2009（04）.

［52］刘细良，刘秀秀. 基于政府公信力的环境群体性事件成因及对策分析［J］. 中国管理科学，2013（S1）.

［53］刘潇阳. 环境非政府组织参与环境群体性事件治理：困境及路径［J］. 学习论坛，2018（05）.

［54］刘一鸣，吴磊，李贵才. 空间理论的图景拓展——基于哈格斯特朗与布迪厄的理论互构研究［J］. 人文地理，2019，34（06）.

［55］刘奕伶. 环境数据开放视阈下的公众参与环境治理——基于对国内三市政府环境数据开放现状的维度分析［J］. 安徽行政学院学报，2018（04）.

［56］吕涛. 环境社会学发展视角分析：生态、经济与社会［J］. 社会观察，2004（10）.

［57］马天剑，张鑫. 雾霾舆情的沸腾化、日常化与娱乐化：基于社会心态变化的视角［J］. 新闻爱好者，2018（08）.

［58］马文亮，靳雪城，李霞. 加强基层环境应急管理工作对策探讨［J］. 甘肃科技，2018，34（09）.

［59］米正华. 风险社会理论视角下的农村社会矛盾防控［J］. 江西社会科学，2013（09）.

［60］闵继胜. 改革开放以来农村环境治理的变迁［J］. 改革，2016（03）.

［61］倪明胜，钱彩平. 从社会运动到新社会运动：理论谱系与演化进路［J］. 上海行政学院学报，2017，18（05）.

［62］聂军，柳建文. 环境群体性事件的发生与防范：从政企合谋到政企合作［J］. 当代经济管理，2014（08）.

［63］欧阳斌，袁正，陈静思. 我国城市居民环境意识、环保行为测量及

影响因素分析 [J]. 经济地理, 2015 (11).

[64] 彭小兵, 谢文昌. 社会工作介入环境群体性事件预防的机制与路径——基于大数据视角 [J]. 社会工作, 2016 (04).

[65] 彭小兵, 杨东伟. 防治环境群体性事件中的政府购买社会工作服务研究 [J]. 社会工作, 2014 (06).

[66] 彭远春. 我国环境行为研究述评 [J]. 社会科学研究, 2011 (01).

[67] 秦红岭. 基于环境正义视角的城市绿色空间规划 [J]. 云梦学刊, 2020, 41 (01).

[68] 秦书生, 鞠传国. 环境群体性事件的发生机理、影响机制与防治措施——基于复杂性视角下的分析 [J]. 系统科学学报, 2018 (02).

[69] 秦书生, 杨硕. 习近平的绿色发展思想探析 [J]. 理论学刊, 2015 (06).

[70] 任洪涛. 论我国环境治理的公共性及其制度实现 [J]. 理论与改革, 2016 (02).

[71] 上官绪明, 葛斌华. 地方政府税收竞争、环境治理与雾霾污染 [J]. 当代财经, 2019 (05).

[72] 沈一兵. 从环境风险到社会危机的演化机理及其治理对策——以我国十起典型环境群体性事件为例 [J]. 华东理工大学学报 (社会科学版), 2015 (06).

[73] 施国庆, 余芳梅, 徐元刚, 等. 水利水电工程移民群体性事件类型探讨——基于QW省水电移民社会稳定调查 [J]. 西北人口, 2010 (05).

[74] 史兴民, 刘春霞. 煤矿区居民对环境问题的感知——以陕西省彬长矿区为例 [J]. 干旱区地理, 2012 (04).

[75] 宋林飞. 中国社会风险预警系统的设计与运行 [J]. 东南大学学报 (社会科学版), 1999 (01).

[76] 孙柏瑛. 开放性、社会建构与基层政府社会治理创新 [J]. 行政科学论坛, 2014 (04).

[77] 陶格斯. 中国环境问题的历史变化 [J]. 环境科学与管理, 2009, 34 (08).

[78] 童星, 曹海林. 2007—2010 年国内风险社会研究述评 [J]. 江苏大学学报 (社会科学版), 2012 (01).

[79] 童星, 丁翔. 风险灾害危机管理与研究中的大数据分析 [J]. 学海, 2018 (02).

[80] 童星, 文军. 三次社会转型及其中国的启示 [J]. 开放时代, 2000 (08).

[81] 童星. 应急管理案例研究中的"过程—结构分析" [J]. 学海, 2017 (03).

[82] 屠骏. 新媒体传播中环境风险的话语权争议、权力运作和治理路径 [J]. 新媒体与社会, 2017 (02).

[83] 汪伟全. 风险放大、集体行动和政策博弈——环境类群体事件暴力抗争的演化路径研究 [J]. 公共管理学报, 2015 (01).

[84] 王波, 郜峰. 雾霾环境责任立法创新研究——基于现代环境责任的视角 [J]. 中国软科学, 2015 (03).

[85] 王丹丹. 环境风险感知对环境友好行为的影响机制分析 [J]. 云南行政学院学报, 2019, 21 (02).

[86] 王芳. 合作与制衡: 环境风险的复合型治理初论 [J]. 学习与实践, 2016 (05).

[87] 王芳. 转型加速期中国的环境风险及其社会应对 [J]. 河北学刊, 2012, 32 (06).

[88] 王国华, 杨腾飞. 社会治理转型的互联网思维 [J]. 人民论坛·学术前沿, 2016 (05).

[89] 王秦, 李慧凤, 杨博. 雾霾污染的经济分析与京津冀三方联动雾霾治理机制框架设计 [J]. 生态经济, 2018 (01).

[90] 王山. 大数据时代中国政府治理能力建设与公共治理创新 [J]. 求

实，2017（01）.

［91］王树义，周迪. 回归城乡正义：新《环境保护法》加强对农村环境的保护［J］. 环境保护，2014（10）.

［92］王蔚. 改革开放以来中国环境治理的理念、体制和政策［J］. 当代世界与社会主义，2011（04）.

［93］王晓广. 生态文明视域下的美丽中国建设［J］. 北京师范大学学报（社会科学版），2013（02）.

［94］王晓毅. 从承包到"再集中"——中国北方草原环境保护政策分析［J］. 中国农村观察，2009（03）.

［95］王璇. 邻避运动中公众博弈行为的逻辑基础探究——以福建省漳州PX项目为例［J］. 城市管理与科技，2018，20（03）.

［96］王亚茹，盛明洁. 国外城市绿色空间对体力活动的影响研究综述［J］. 城市问题，2019（12）.

［97］王玉明. 暴力型环境群体性事件的成因分析——基于对十起典型环境群体性事件的研究［J］. 中共珠海市委党校珠海市行政学院学报，2012（03）.

［98］王越. 公安机关对环境群体性事件的预防与处置策略——基于启东事件的分析与思考［J］. 法制与社会，2014（11）.

［99］王云霞. 环境正义与环境主义：绿色运动中的冲突与融合［J］. 南开学报（哲学社会科学版），2015（02）.

［100］魏庆坡，陈刚. 美国预防和应对环境群体性事件对中国的启示［J］. 环境保护，2013（22）.

［101］魏巍贤，马喜立. 能源结构调整与雾霾治理的最优政策选择［J］. 中国人口·资源与环境，2015，25（07）.

［102］吴忠民. 以社会公正奠定社会安全的基础［J］. 社会学研究，2012（04）.

［103］夏锦文. 习近平新时代法治与发展思想论要［J］. 江海学刊，

2018 (02).

[104] 夏锦文. 共建共治共享的社会治理格局：理论构建与实践探索 [J]. 江苏社会科学, 2018 (03).

[105] 熊易寒. 市场"脱嵌"与环境冲突 [J]. 读书, 2007 (09).

[106] 薛桂波. 从"后常规科学"看环境风险治理的技治主义误区 [J]. 吉首大学学报（社会科学版）, 2014 (01).

[107] 荀丽丽, 包智明. 政府动员型环境政策及其地方实践——关于内蒙古 S 旗生态移民的社会学分析 [J]. 中国社会科学, 2007 (05).

[108] 荀丽丽. 与"不确定性"共存：草原牧民的本土生态知识 [J]. 学海, 2011 (03).

[109] 阎耀军. 社会预警体系建设的困境及其摆脱 [J]. 重庆社会科学, 2012 (07).

[110] 阎耀军. 我国社会预警体系建设的纠结及其破解 [J]. 国家行政学院学报, 2012 (04).

[111] 杨朝飞. 以改革创新为动力积极推动环境保护工作战略转型 [J]. 环境保护, 2012 (19).

[112] 杨振华. 环境风险治理中科技专家的责任 [J]. 南京林业大学学报（人文社会科学版）, 2016, 16 (02).

[113] 叶伟春. 大数据与国家治理 [J]. 中国信息界, 2015 (02).

[114] 尹木子. 新生代流动人口群体性事件参与意愿研究 [J]. 青年研究, 2016 (02).

[115] 尹文嘉, 刘平. 环境群体性事件的演化机理分析 [J]. 行政论坛, 2015 (02).

[116] 应松年. 社会管理创新要求加强行政决策程序建设 [J]. 中国法学, 2012 (02).

[117] 应星. "气场"与群体性事件的发生机制——两个个案的比较 [J]. 社会学研究, 2009, 24 (06).

[118] 余光辉，陈天然，周佩纯. 我国环境群体性事件预警指标体系及预警模型研究［J］. 情报杂志，2013（07）.

[119] 俞海滨. 改革开放以来我国环境治理历程与展望［J］. 毛泽东邓小平理论研究，2010（12）.

[120] 俞可平. 经济全球化与治理的变迁［J］. 哲学研究，2000（10）.

[121] 詹承豫. 转型期中国的风险特征及其有效治理——以环境风险治理为例［J］. 马克思主义与现实，2014（06）.

[122] 张广利，黄成亮. 风险社会理论本土化：理论、经验及限度［J］. 华东理工大学学报（社会科学版），2018（02）.

[123] 张海波. 信访大数据与社会风险预警［J］. 学海，2017（06）.

[124] 张金俊. 转型期国家与农民关系的一项社会学考察——以安徽两村"环境维权事件"为例［J］. 西南民族大学学报（人文社会科学版），2012（09）.

[125] 张劲松. 邻避型环境群体性事件的政府治理［J］. 理论探讨，2014（05）.

[126] 张婧飞. 农村邻避型环境群体性事件发生机理及防治路径研究［J］. 中国农业大学学报（社会科学版），2015（02）.

[127] 张萍，杨祖婵. 近十年来我国环境群体性事件的特征简析［J］. 中国地质大学学报（社会科学版），2015，15（02）.

[128] 张也，俞楠. 国内外环境正义研究脉络梳理与概念辨析：现状与反思［J］. 华东理工大学学报（社会科学版），2018（03）.

[129] 张英菊. 环境风险治理主体、原因及对策［J］. 人民论坛，2014（26）.

[130] 张玉林. 环境抗争的中国经验［J］. 学海，2010（02）.

[131] 张昱青，孔繁德. 试论中国环境保护的历程和发展趋势［J］. 中国环境管理干部学院学报，2002（02）.

[132] 张振华. 中国的社会冲突缘何未能制度化：基于冲突管理的视角

[J]. 社会科学，2015（07）.

[133] 章荣君. "微治理"公共规则的创生路径——基于江苏太仓农村公约治理的案例分析 [J]. 领导科学论坛，2017（13）.

[134] 赵鼎新. 集体行动、搭便车理论与形式社会学方法 [J]. 社会学研究，2006（01）.

[135] 赵鼎新. 社会与政治运动理论：框架与反思 [J]. 学海，2006（02）.

[136] 郑石明，吴桃龙. 中国环境风险治理转型：动力机制与推进策略 [J]. 中国地质大学学报（社会科学版），2019，19（01）.

[137] 韩志明. 公民抗争行动与治理体系的碎片化——对于闹大现象的描述与解释 [J] 人文杂志，2012（03）.

[138] 周广礼，徐少才，司国良，等. 关于农村居民环境意识的探讨 [J]. 中国人口·资源与环境，2014（S2）.

[139] 周利敏. 迈向大数据时代的城市风险治理——基于多案例的研究 [J]. 西南民族大学学报（人文社科版），2016，37（09）.

[140] 周全，汤书昆. 媒介使用与中国公众的亲环境行为：环境知识与环境风险感知的多重中介效应分析 [J]. 中国地质大学学报（社会科学版），2017（05）.

[141] 周生贤. 我国环境保护的发展历程与成效 [J]. 环境保护，2013，41（14）.

[142] 周珍，邢瑶瑶，于晓辉，等. 政府补贴对京津冀雾霾防控策略的区间博弈分析 [J]. 系统工程理论与实践，2017（10）.

[143] 周志家. 环境保护、群体压力还是利益波及 厦门居民 PX 环境运动参与行为的动机分析 [J]. 社会，2011（01）.

[144] 朱德米，虞铭明. 社会心理、演化博弈与城市环境群体性事件——以昆明 PX 事件为例 [J]. 同济大学学报（社会科学版），2015，26（02）.

[145] 朱力, 邵燕. 社会预防: 一种化解社会矛盾的理论探索 [J]. 社会科学研究, 2016 (02).

[146] 朱力. 中国社会风险解析——群体性事件的社会冲突性质 [J]. 学海, 2009 (01).

[147] 朱正威, 刘泽照, 张小明. 国际风险治理: 理论、模态与趋势 [J]. 中国行政管理, 2014 (04).

[148] 邹宏如. 论政治建设在社会矛盾治理中的优先地位 [J]. 马克思主义研究, 2012 (08).

[149] 习近平. 坚持节约资源和保护环境基本国策 努力走向社会主义生态文明新时代 [N]. 人民日报, 2013-05-25 (001).

[150] 习近平. 携手推进亚洲绿色发展和可持续发展 [N]. 人民日报, 2010-04-11 (001).

[151] 郑杭生. 不断提高社会管理科学化水平 [N]. 人民日报, 2011-04-21 (007).

[152] 曾永泉. 转型期中国社会风险预警指标体系研究 [D]. 武汉: 华中师范大学, 2011.

[153] 张晓杰. 中国公众参与政府环境决策的政治机会结构研究 [D]. 沈阳: 东北大学, 2010.

[154] 杜辉. 环境治理的制度逻辑与模式转变 [D]. 重庆: 重庆大学, 2012.

[155] 郭岩升. 环境政策过程中环境抗争的政治机会 [D]. 长沙: 中南大学, 2017.

[156] 俊玉. 政治学视阈中的生态环境治理研究 [D]. 苏州: 苏州大学, 2010.

[157] 龙金晶. 中国现代环境保护运动的先声 [D]. 北京: 北京大学, 2007.

[158] 汪卉. 邻避冲突的民主商议治理之道 [D]. 贵阳: 贵州财经大

学，2016.

[159] 刘春英. 毛泽东正确处理人民内部矛盾理论的形成演化及其当代启示研究 [D]. 呼和浩特：内蒙古师范大学，2017.

英文文献

[1] SALAMON E. The Tools of Government [M]. London：Oxford University Press，2002.

[2] WUNDERLIN A，HAKEN H. Some Applications of Basic Ideas and Models of Synergetics to Sociology [M]. Berlin：Springer Berlin Heidelberg，1984.

[3] FUCHS A W G. Sebald's Painters：The Function of Fine Art in his Prose Works [J]. The Modern Language Review，2006，101（01）.

[4] BROWN P，VEGA C M V，MURPHY C B，et al. Hurricanes and the Environmental Justice Island：Irma and Maria in Puerto Rico [J]. Environmental Justice，2018，11（04）.

[5] BUECHLER S M. New Social Movement Theories [J]. Sociological Quarterly，1995，36（03）.

[6] BULLARD R D. Race and Environmental Justice in the United States [J]. Yale Journal of International Law，1993（18）.

[7] CLAYTON S. The Role of Perceived Justice，Political Ideology，and Individual or Collective Framing in Support for Environmental Policies [J]. Social Justice Research，2018，31（03）.

[8] COTTON M. Environmental Justice as Scalar Parity：Lessons from Nuclear Waste Management [J]. Social Justice Research，2018，31（03）.

[9] DHILLON J. Indigenous Resurgence，Decolonization，and Movements for Environmental Justice Introduction [J]. Environment and Society−Advances in Research，2018，9（01）.

[10] DONG M H，SHU Q J. 40 Years' Rural Environmental Protection in

China: Problem Evolution, Policy Response and Institutional Change [J]. Journal of Agricultural Extension & Rural Development, 2016, 8 (01).

[11] FREEMAN E, Moutchnik A. Stakeholder management and CSR: questions and answers [J]. UmweltWirtschaftsForum, 2013, 21 (1-2).

[12] GUIDRY V T, Rhodes S M, Woods C G, et al. Connecting Environmental Justice and Community Health: Effects of Hog Production in North Carolina [J]. North Carolina Medical Journal, 2018, 79 (05).

[13] HABERMAS J. Democracy in Europe: Why the Development of the EU into A Transnational Democracy is Necessary and How it is Possible [J]. European Law Journal, 2015, 21 (04).

[14] HABERMAS J. New Social Movements [J]. Telos, 1981 (44).

[15] HANNAN M T, FREEMAN J. Structural Inertia and Organizational Change [J]. American Sociological Review, 1984, 49 (02).

[16] HANSEN H K, PORTER T. What do Big Data do in Global Governance? [J]. Global Governance, 2017, 23 (01).

[17] HAYWARD R A, JOSEPH D D. Social Work Perspectives on Climate Change and Vulnerable Populations in the Caribbean: Environmental Justice and Health [J]. Environmental Justice, 2018, 11 (05).

[18] JAHIEL A R. The Organization of Environmental Protection in China [J]. China Quarterly, 1998, 156.

[19] LIEW J. A Comparison of Third-party Administrative Review Rights in Planning and Environmental Law from a Social Justice Perspective [J]. Environmental and Planning Law Journal, 2018, 35 (05).

[20] MARMURA S. A Net Advantage? The Internet, Grassroots Activism and American Middle-Eastern Policy [J]. New Media & Society, 2008, 10 (02).

[21] MCCAULEY D, HEFFRON R. Just Transition: Integrating Climate,

Energy and Environmental Justice [J]. Energy Policy, 2018, 119.

[22] MCGREGOR D. Mino‐Mnaamodzawin Achieving Indigenous Environmental Justice in Canada [J]. Environment and Society‐Advances in Research, 2018, 9 (01).

[23] MOERNAUT R, MAST J, PEPERMANS Y. Reversed Positionality, Reversed Reality? The Multimodal Environmental Justice Frame in Mainstream and Alternative Media [J]. International Communication Gazette, 2018, 80 (05).

[24] MOL A P J, CARTER N T. China's Environmental Governance in Transition [J]. Environmental Politics, 2006, 15 (02).

[25] MULLIN K, MITCHELL G, NAWAZ N R, et al. Natural Capital and the Poor in England: Towards an Environmental Justice Analysis of Ecosystem Services in a High Income Country [J]. Landscape and Urban Planning, 2018, 176.

[26] NEUWIRTH L S. Resurgent Lead Poisoning and Renewed Public Attention Towards Environmental Social Justice Issues: A Review of Current Efforts and call to Revitalize Primary and Secondary Lead Poisoning Prevention for Pregnant Women, Lactating Mothers, and Childrenwithin the U. S. [J]. International Journal of Occupational and Environmental Health, 2018, 24 (3-4).

[27] OSKARASSON P, BEDI H P. Extracting Environmental Justice: Countering Technical Renditions of Pollution in India's Coal Industry [J]. The Extractive Industries and Society, 2018, 5 (03).

[28] OU J Y, PETERS J L, LEVY J I, et al. Self‐rated Health and its Association with Perceived Environmental Hazards, the Social Eenvironment, and Cultural Stressors in an Environmental Justice Population [J]. BMC Public Health, 2018, 18 (1).

[29] PERRITT H H J. Cyberspace Self‐Government: Town Hall Democracy or Rediscovered Royalism [J]. Berkeley Technology Law Journal, 1997, 12 (02).

［30］POWER M, MCCARTY L S. Peer Reviewed: A Comparative Analysis of Environmental Risk Assessment/Risk Management Frameworks ［J］. Environmental science & technology, 1998, 32 (09).

［31］REKOLA A, PALONIEMI R. Researcher－planner Dialogue on Environmental Justice and its Knowledges—A Means to Encourage Social Learning Towards Sustainability ［J］. Sustainability, 2018, 10 (08).

［32］RENN O, SCHWEIZER P J. Inclusive Risk Governance: Concepts and Application to Environmental Policy Making ［J］. Environmental Policy and Governance, 2009, 19 (03).

［33］RIGOLON A, BROWNING M, JENNINGS V. Inequities in the Quality of Urban Park Systems: An Environmental Justice Investigation of Cities in the United States ［J］. Landscape and Urban Planning, 2018, 178.

［34］SINCLAIR R. Righting Names The Importance of Native American Philosophies of Naming for Environmental Justice ［J］. Environment and Society－Advances in Research, 2018, 9 (01).

［35］SULLIVAN J, PARADY K. Social Justice and Environmental Justice is an Easy Blend for us: You Can't Have One Without the Other—An Interview With CEEJ ［J］. New Solut, 2019, 28 (04).

［36］WANG Y, HU J, LIN W, et al. Health Risk Assessment of Migrant workers' Exposure to Polychlorinated Biphenyls in Air and Dust in An E－waste Recycling Area in China: Indication for A New Wealth Gap in Environmental Rights ［J］. Environment International, 2016, 87.

公众环境素养与环保行为调查问卷

编码员：_____   问卷编号：_____   调查地区：_____

公众环境素养与环保行为访谈问卷

亲爱的朋友：

您好！

我们是中南大学社会学系的学生，为了全面了解公众的环境素养和环保行为，就如何提高公众的环保素养并及时向有关部门建议献策，促进生态文明建设，我们组织了这次调查，希望能得到您的支持和帮助。本次调查严格按照《中华人民共和国统计法》的要求进行，问卷的填答采取不记名的方式，答案没有对错之分，所有回答只作为统计数据来使用。您只需根据自己的实际情况，回答我们的问题即可。若无特殊说明，每个问题只能选择一个答案。

衷心感谢您的配合！祝您万事如意！

中南大学社会学系

2016 年 6 月

联系人：董海军

邮箱：donghj34@sina.com.cn

联系地址：湖南长沙市中南大学公共管理学院社会学系

邮编：410083

一、基本情况

A1. 您的性别：

①男　　　　　　　　　　　　②女

A2. 您的年龄：_____周岁

A3. 您的文化程度：

①小学及以下　　　　　　　　②初中

③高中（包括中专、职高、技校等）④大专

⑤大学本科　　　　　　　　　⑥硕士研究生及以上

A4. 您的婚姻状况：

①未婚　　　　　　　　　　　②已婚

③丧偶　　　　　　　　　　　④离婚

A5. 您的职业是：

①政府、事业单位工作人员　　②商业、服务业工作人员

③农民　　　　　　　　　　　④工人

⑤学生　　　　　　　　　　　⑥无固定职业

⑦其他_____

A6. 你的日常居住地是：

①城市　　　　　②城镇　　　　　③农村

A7. 您觉得您和周围邻居的关系如何？

①很好　　　　　②比较好　　　　③一般

④比较差　　　　⑤很差

A8. 您觉得您的性格内向程度是？

①外向性格　　　②稍外向性格　　③外、内混合型性格

④稍内向性格　　⑤内向性格

A9. 您家去年总收入大约多少元？

①1 万以下　　　②1 万—2 万　　　③2 万—3.5 万

④3.5 万—7 万　　⑤7 万—12 万　　⑥12 万以上

A10. 您自我估计一下，您家在您居住地周围经济状况居于什么位置？

①上层　　　　　　②中上层　　　　　③中层

④中下层　　　　　⑤下层

A11. 您使用互联网（网络）的情况：

①没接触过　　　　②接触过，但不常用　　③经常使用

二、环境意识与看法

B1. 总体上说，您对环境问题有多关注？

①完全不关心　　　②比较不关心　　　　③一般

④比较关心　　　　⑤非常关心

B2. 根据您自己的判断，整体上看，您觉得您周围的环境问题是否严重？

①根本不严重　　　②不太严重　　　　　③一般

④比较严重　　　　⑤非常严重

B3. 您认为以下哪些问题对您和您的家庭生活的影响最大？（可多选）

①空气污染　　　　②土壤污染　　　　　③水污染

④食物污染　　　　⑤噪声污染　　　　　⑥其他____

B4. 您身边存在的最多的污染是什么？

①空气污染　　　　②土壤污染　　　　　③水污染

④食物污染　　　　⑤噪声污染　　　　　⑥其他____

B5. 您身边存在的污染，主要来源是？（可多选）

①工业废物污染　　②生活垃圾污染　　　③农药化肥污染

④汽车尾气污染　　⑤日用化学用品污染

⑥噪声污染　　　　⑦其他_____

B6. 您在多大程度上赞同下列说法？

序号	项目	非常 不赞同	不大 赞同	一般	比较 赞同	非常 赞同
1	环境保护的重要性并不亚于经济建设	1	2	3	4	5
2	我们应当先提高生活水平再谈环境保护	1	2	3	4	5
3	我国当前比环境问题更重要的问题还有很多	1	2	3	4	5
4	科学技术总有办法解决所有的环境问题	1	2	3	4	5
5	大自然完全有自我修复的能力	1	2	3	4	5
6	过度追求经济发展速度容易导致环境问题	1	2	3	4	5
7	我国环境尚未到非要刻意保护的地步	1	2	3	4	5
8	我国当前环境问题已经无处不在	1	2	3	4	5
9	我国环境污染与破坏状况已经令人触目惊心	1	2	3	4	5
10	环境保护与我们个人无关	1	2	3	4	5
11	为了环保,我愿意降低生活享受的标准	1	2	3	4	5
12	我愿意接受国家为环保而征税的做法	1	2	3	4	5

B7. 您对政府部门保护环境的满意度怎么样?

①非常不满意　　②很不满意　　　　③一般

④比较满意　　⑤非常不满意

B8. 您对下列问题的赞成程度是怎样的？

序号	项目	不赞成	比较 不赞成	一般	赞成	非常 赞成
1	政府只重视发展经济，忽视环境保护	1	2	3	4	5
2	环保的法律法规不健全	1	2	3	4	5
3	环保执法不严	1	2	3	4	5
4	环保科技发展落后	1	2	3	4	5
5	环保资金支持不足	1	2	3	4	5
6	环保宣传教育力度不够	1	2	3	4	5
7	企业只重视经济效益忽视环保	1	2	3	4	5
8	环保组织参与环保能力不强	1	2	3	4	5
9	公民环保意识不强	1	2	3	4	5

B9. 如果让您给您自己的环保意识打分（0到10之间），从整体上讲，您对自己打多少分？ _____

B10. 您认为下列主体在环境保护中的责任是怎样的？

序号	主体	责任 很小	责任 比较小	一般	责任 比较大	责任 很大
1	政府	1	2	3	4	5
2	企业	1	2	3	4	5
3	环保组织	1	2	3	4	5
4	个人	1	2	3	4	5

三、环境行为

C1. 您在平时生活中是否有过下列行为？请按照频繁程度选择。

序号	项目	很少	较少	一般	较多	很多
1	不使用非降解塑料餐盒	1	2	3	4	5
2	购物时使用塑料袋	1	2	3	4	5
3	对生活垃圾分类处理	1	2	3	4	5
4	随意倾倒垃圾	1	2	3	4	5
5	将废电池投入专门的回收桶或回收站	1	2	3	4	5
6	在外就餐时特意使用一次性餐具	1	2	3	4	5
7	尽量乘坐公共汽车	1	2	3	4	5
8	燃放烟花爆竹	1	2	3	4	5
9	双面使用纸张	1	2	3	4	5
10	使用洗涤剂	1	2	3	4	5
11	节约用水	1	2	3	4	5
12	食用野生动物	1	2	3	4	5
13	使用节能产品	1	2	3	4	5
14	在公共场合吸烟	1	2	3	4	5
15	优先购买绿色产品	1	2	3	4	5
16	随地吐痰	1	2	3	4	5
17	旧物重复利用	1	2	3	4	5
18	吃口香糖	1	2	3	4	5
19	节约粮食	1	2	3	4	5
20	使用室内杀虫剂	1	2	3	4	5

C2. 您最近两年时常进行过下列活动吗？

序号	项目	很少	较少	一般	较多	很多
1	关注新闻媒体有关环保事件的报道	1	2	3	4	5
2	向身边的人宣传环境意识	1	2	3	4	5
3	做环保志愿者	1	2	3	4	5
4	及时举报破坏环境和生态的行为	1	2	3	4	5
5	为解决日常环境污染问题投诉、上访	1	2	3	4	5
6	植树造林	1	2	3	4	5
7	积极参加政府和单位组织的环境宣传教育活动	1	2	3	4	5
8	组织或者参与环保义务劳动（清理街道等）	1	2	3	4	5
9	了解周围水体分布和污染状况	1	2	3	4	5
10	支持环保募捐	1	2	3	4	5

四、环境维权参与

D1. 您周围主要有哪些利益矛盾（可多选）

①宅基地纠纷　　　　　　　②村组边界土地纠纷

③干群矛盾或民主选举　　　④借贷债权纠纷

⑤造谣诽谤名誉性纠纷　　　⑥政策执行不到位

⑦环境破坏或污染　　　　　⑧其他_____

D2. 当您与他人发生纠纷或矛盾时，您一般会选择以下哪些途径（可多选）：

①忍受或搁置　　　　　　　②找基层干部或其他中间人协调

③上访　　　　　　　　　　④打官司

228

⑤冲突对抗 ⑥双方协商谈判

⑦其他_____

D3. 您是否听说过厦门、大连或昆明等地的 PX 事件？

①是 ②否

D4. 您主要是通过什么渠道了解环境问题的？（可多选）

①亲身体验 ②报纸、杂志等

③电视、广播 ④网络

⑤公共场所的宣传 ⑥亲戚朋友之间的交流

⑦政府或单位组织的教育活动 ⑧其他_____

D5. 为了减轻您或您家人所遭受的环境危害，您采取过哪些行为？（没有可以跳过此题）

序号	项目	是	否
1	留意新闻报道	1	0
2	在网络论坛上发表看法	1	0
3	通过手机、电子邮件、QQ 群等互传信息	1	0
4	与他人讨论怎么办的问题	1	0
5	向大众媒体投诉	1	0
6	直接向污染企业或个人提出抗议	1	0
7	向政府投诉	1	0
8	向民间环保组织反映投诉	1	0
9	鼓动受危害者一起维权抗议	1	0
10	参与游行示威	1	0

D6. 下列哪些因素会影响您参与环境维权行为？（可多选）

①外地环境维权事件的效果 ②对环境问题的恐惧

③个人利益 ④群体压力

⑤行为效果预期 ⑥社会规范与道德约束

⑦自我的环保意识 ⑧其他_____

D7. 您周围发生过环境维权事件吗？

①有过，并且我还参与过　　②有过，但我没参与

③没有　　　　　　　　　　④不知道

D8. 假如您要进行维权，您主要会考虑哪些因素来选择维权行动方案？

①社会关注度　　　　　　　②主观面子

③经济因素　　　　　　　　④时间因素

⑤资源熟人　　　　　　　　⑥结果预期

⑦学别人样　　　　　　　　⑧法规政策

⑨其他＿＿＿＿

（注释：社会关注度指维权途径是否适合社会风俗，是否引起较大反响和关注等因素。主观面子是指采取该种维权途径时个人所体验到的面子、气、情绪等主观感受，比如，是能赚面子还是丢面子，是能出气还是受气等。经济因素：该维权方案所花费多少。时间因素：该维权方案所费的时间长短。资源熟人：该维权方案所需要的知识、人脉或社会资本。结果预期：该维权方案能达到预期结果的可能性。）

D9. 维权方案影响因素相对重要性情况两两比较结果（注释：路径索引是指该维权方案的前期效果，别人做了样，自己学习这样维权）。

	绝对重要	非常重要	颇为重要	稍微重要	同等重要	稍微重要	颇为重要	非常重要	绝对重要	
社会影响性										主观面子
										经济因素
										时间因素
										人力因素
										结果预期
										路径索引
										法规政策

续表

	绝对重要	非常重要	颇为重要	稍微重要	同等重要	稍微重要	颇为重要	非常重要	绝对重要	
主观面子										经济因素
										时间因素
										人力因素
										结果预期
										路径索引
										法规政策
经济因素										时间因素
										人力因素
										结果预期
										路径索引
										法规政策
时间因素										人力因素
										结果预期
										路径索引
										法规政策
人力因素										结果预期
										路径索引
										法规政策
结果预期										路径索引
										法规政策
路径索引										法规政策

（注释：人力因素就是指资源熟人；路径索引就是指别人这样做，跟着学样。）

D10. 在环境权益受到侵害时，可能的维权途径的相对重要性两两比较情况是：

①忍受或搁置　　　　　②中间人调解（如居委会、街道办等）

③对话和解（包括私了、双方谈判等）

④打官司（含仲裁）　　⑤信访（上访）

⑥暴力冲突　　　　　　⑦媒体曝光

⑧其他（请注明＿＿＿＿＿＿）

D11. 以下是可能维权方案的相对重要性两两比较表格，越靠近哪一端，哪一端就越重要，中间是同等重要。请您根据自己的看法在相应位置画钩。

	绝对重要	非常重要	颇为重要	稍微重要	同等重要	稍微重要	颇为重要	非常重要	绝对重要	
忍受或搁置										中间人调解
										上访
										打官司
										暴力冲突
										双方谈判
										媒体曝光
中间人调解										上访
										打官司
										暴力冲突
										双方谈判
										媒体曝光
上访										打官司
										暴力冲突
										双方谈判
										媒体曝光

续表

	绝对重要	非常重要	颇为重要	稍微重要	同等重要	稍微重要	颇为重要	非常重要	绝对重要	
打官司										暴力冲突
										双方谈判
										媒体曝光
暴力冲突										双方谈判
										媒体曝光
双方谈判										媒体曝光

问卷结束，谢谢您的合作！

后 记

本书是在笔者主持的国家社科基金项目结题报告基础上修改而成。因此，首先感谢国家哲社基金给予的资助支持，基金的压力促使我不敢怠慢，努力完成了此项研究，同时也感谢资助本书出版的中南大学社会学一流学科建设资金。

本著作依据的研究是集体劳动的结晶。在 2013 年至 2018 年，我所指导的中南大学社会学系的本科生以及硕士研究生均对本书有所贡献。绿色空间环境治理政策流变的政策分析部分是由我和郭岩升完成。问卷调查部分主要由中南大学社会学系本科生实施完成，案例分析部分的数据主要由我所指导的硕士研究生带着本科生编码审核完成，为了确保编码的有效性，每条数据案例是由 3 人编码再进行核对审校，工作量巨大。环境舆情事件的雾霾主题网络数据的获得是由许子妍同学协助完成。特别还需要感谢的同学有马忠鹏、霍娟丽、刘娅婷、隆求凤、徐威、叶佳佳、万晨等。部分内容已经发表，其中也包括我所指导的硕士研究生郭岩升的硕士学位论文的部分内容。

虽然历时 5 年，我仍然觉得这是一个在时间压迫下的应急任务。书稿内容在最初的设计方案中具有系统性，但在研究实践中时常被搁置，等到结题时间截止时，才幡然醒悟，需要尽快完成，因此大家也就能在不长不短的研究时间中却能读出本书的拼凑感。

最后，我想感谢光明日报出版社为本书出版所付出的努力。同时，更感谢中南大学社会学系的全体同人的帮助和指点。在本书即将付梓之际，坚强勇敢的曾东霞女士为家庭带来了第二个宝宝。感谢爱人为家庭所做的一切，期待潇茹、潇蕙两姐妹健康成长，万事如意！

　　所有过往，皆为序章。所有将来，皆是可盼。期待学界朋友对本研究的批评指正，更期待自己能够以此为基础，继续前行。

董海军

2021. 8. 26